KB088863

초등 공부는
잘 읽는 것만으로
충분합니다

정확히, 제대로, 꼼꼼히 읽는 디테일 읽기의 힘

초등 공부는 잘 읽는 것만으로 충분합니다

오지영 지음

카시오페아
Cassiopeia

초등 공부의 시작은 '읽기'입니다

"선생님, 이 글이 도대체 무슨 내용이에요?"

"국어 교과서 지문을 다시 봐도 이 질문에 대한 답을 알려주는 문장이 보이지 않아요."

"선생님, 이 단어는 무슨 뜻이에요?"

학교 수업 시간마다 매번 아이들은 위와 같은 질문을 합니다. 단어의 뜻을 물어보는 경우, 글 내용을 이해하지 못해서 어려워하는 경우, 교과서에 실린 질문의 답을 찾지 못하는 경우 등 아이들이 겪는 어려움은 다양합니다. 질문의 내용은 조금씩 다를지라도 이러한 질문들의 공통된 핵심이 있죠. 바로 아이들의 읽기 능력과 관련되어 있다는 점입니다.

요즘 아이들은 궁금한 것이 생겼을 때 책이나 사전을 찾아본다거나 포털 사이트에 검색해보지 않고 유튜브를 먼저 찾습니다. 심지어 무언가를 만들 때도 설명서를 읽지 않고 영상에만 의지하는 경우가 대다수죠. 지금의 초등 아이들은 책보다 스마트폰에, 글보다 영상에 익숙한 '영상 세대'이기 때문입니다. 심지어 스마트폰으로 글을 읽을 때도 엄지로 스크롤링을 하며 대충 훑어 읽는 게 버릇입니다. 그 결과, 아이들은 자신의 수준에 맞는 쉬운 단어도 잘 이해하지 못하고 간단한 문장을 쓰는 일조차 버거워하게 되었습니다. 디지털 기기의 사용 시간이 증가함에 따라 점점 낮아지고 있는 아이들의 문해력과 독해력이 사회 문제로 대두된 지 오래입니다.

이러한 상황 속에서 우리 아이를 공부 잘하는 아이로 키우려면 어떻게 해야 할까요? 단순히 오랜 시간 책상 앞에 앉아 있게 하는 것만이 답일까요? 여러 문제집을 반복해서 풀도록 하면 될까요? 과목마다 잘 가르치기로 유명한 학원에 보내야 할까요?

12년 차 초등 교사인 필자는 아이의 공부에 있어서 무엇보다 중요한 것은 초등 시기에 문해력, 독해력, 글쓰기의 본바탕이 되는 '읽기 능력'을 키워주는 것이라고 생각합니다. 읽기 능력은 평생 공부의 발판이 되는 공부 기초 체력이며 초등 시기야말로 읽기 주도권을 형성하고 완성해나갈 수 있는 골든타임이기 때문이죠. 그리고 읽기 능력을 더욱 탄탄히 쌓기 위해선 정확히, 제대로, 꼼꼼히 읽는

'디테일 읽기' 방법을 익혀야 합니다.

  '디테일 읽기'란 글을 유창하게 읽는 것을 기본 전제로 하여 글의 핵심을 파악하며 읽는 방법, 글을 꼼꼼하게 읽으며 글 속에 나온 내용을 자신의 배경지식으로 만드는 방법, 자신에게 맞는 읽기 수단을 활용하며 글을 읽는 방법 등의 여러 가지 읽기 전략을 통틀어 일컫는 말입니다. 이 책에서는 디테일 읽기 방법을 학년별, 유형별 2가지 축으로 설명합니다.

  우선 학년별 읽기 방법입니다. 초등 시기는 1~2학년 저학년 시기, 3~4학년 중학년 시기, 5~6학년 고학년 시기로 나눌 수 있습니다. 그리고 각 시기별로 반드시 완성해야 하는 읽기 능력은 정해져 있죠. 2장에서는 학년별 읽기 능력을 발달시키기 위한 읽기 학습법과 읽기 정서, 읽기 환경에 대해 구체적으로 살펴봅니다. 각 학년군마다 가정에서 아이들과 함께할 수 있는 학습 활동을 소개하며 아이와 정서적으로 교감할 수 있는 활동으로는 무엇이 있는지, 더불어 아이가 안정감을 느끼며 학습에 집중할 수 있는 환경을 어떻게 조성해주어야 하는지를 담았습니다.

  다음으로 문제 유형별 읽기 방법입니다. 초등 시기에 읽기와 관련해서 아이들이 겪고 있는 문제점이 다양한 만큼 모든 아이들이 동일한 방법으로 읽기 능력을 똑같이 완성할 수는 없습니다. 그렇기에 읽기와 관련해 아이에게 어떤 문제점이 있는지 파악하고, 아이의 유형에 알맞은 방법으로 읽기 능력을 키워주는 것이 중요합니다. 3장에서는 아이의 읽기 문제 유형을 진단하는 방법을 소개한 다음, 초등 시기 아이들에게 나타나는 대표적인 읽기 문제를 크게 4가지로 나누어 설명합니다. 음운론적으로 문제가 있는 경우, 어휘력이 부족한 경우, 글을 대충 읽는 경우, 글 자체를 이해하지 못하는 경우입니다. 각 문제 유형별로 아이들이 자주 범히는 오류와 아이의 읽기 문제점을 개선하기 위해 가정에서 쉽게 할 수 있는 활동 놀이를 자세히 담았습니다. 공부는 정말 열심히 하는데도 성적이 잘 올라가지 않거나 아이가 글을 제대로 읽고 있는지 파악되지 않는다면 이 책에 소개된 내용을 적극적으로 활용해봅시다.

공부의 시작은 읽기입니다. 읽기 능력을 완성해야만 아이들의 학습 능률이 올라가고 성적도 좋아질 수 있는 것이죠. 흔히 부모는 아이가 유치원 시기부터 초등 1학년 사이에 자음과 모음을 깨치고 한글을 학습한 뒤 글을 읽고 쓸 수 있게 되면 아이의 읽기 능력이 완성된 것이라고 오해를 합니다. 하지만 그것은 학습의 기본 전제인 읽기 능력의 기초만 다져진 것일 뿐, 읽기 능력이 완성된 것이라고는 볼 수 없습니다. 쉽게 말해서 하나의 건물을 짓는 데 필요한 재료만 준비한 것과 다름없죠. 읽기의 핵심 능력을 초등 시기에 제대로 완성하지 못한다면 제아무리 많은 시간을 독서에 할애한다거나 다양한 문제집을 푼다고 해도 성적은 제자리걸음일 것입니다. 심지어 고학년이 될수록 학습 내용을 따라가지 못하고 뒤처지게 됩니다. 따라서 현재 아이가 초등학생이라면 아이의 읽기 능력이 잘 발달되고 있는지 살펴보는 것이 가장 중요합니다.

초등 시기에 다져진 읽기 능력에 따라 아이들의 학업 성적 수준은 천차만별이 됩니다. 그러므로 초등 자녀를 둔 부모라면 아이가 중학교에 올라가기 전, 학년별로 요구되는 읽기 능력을 완성할 수 있도록 도와줘야 합니다. 이 책을 통해 초등 읽기 능력을 언제, 어떻게, 왜 키워야 하는지 알고 학습 방법을 꾸준히 실천해나간다면, 평생에 걸쳐 아이의 공부와 생활 전반에 영향을 미치는 읽기 능력을 탄탄히 쌓아갈 수 있게 될 것입니다.

목차

2장 공부 기초 체력을 만드는 초등 학년별 읽기 공부법

3장 읽기에 뒤처지는 아이, 문제 유형별 처방전

HOW

1장

WHY

초등 공부,
왜 읽기가
전부인가요?

초등 시기는
읽기 능력을 형성하는 골든타임이다

📖 공부 기초 뼈대를 탄탄히 쌓는 초등 시기

초등 6년 시기는 평생 공부의 발판이 되는 읽기 능력을 형성하고 완성해나가는 골든타임입니다. 이 시기에 다져진 읽기 능력에 따라 아이들의 학업 성적 수준은 천차만별이 되죠. 필자는 다양한 학년의 담임을 맡으면서 초등학생 때 읽기 능력을 제대로 갖추지 못한 아이들이 중고등학생이 된 이후에도 여전히 학습 부진을 경험하고 있는 것을 자주 목격했습니다.

반면에 시간은 걸릴지라도 항상 제힘으로 글을 읽고 이해하려 노력했던 아이들은 고학년이 될수록 읽기 능력을 제대로 형성해나갔고, 중고등학생이 된 후 자기 주도적 학습 능력이 신장되었죠. 글을 수동적으로 받아들이지 않고 스스로 이해하며 제 것으로 만들려 노력하는 '적극적인 읽기'를 실천함으로써 눈에 띄게 성적이 올라가는 모습도 여러 번 볼 수 있었습니다.

초등 시기에 읽기 능력이 단단해지면 공부를 대하는 태도 역시 긍정적으로 변하게 됩니다. 글이 술술 읽히는 경험을 자주 했던 아이들은 새로운 개념이나 어려운 문제에 직면했을 때 절대 포기하지 않고 인내심 있게 내용을 이해하려 노력합니다. 초등 시기에 완성된 읽기 능력은 앞으로의 공부의 질을 결정하며, 성인이 된 이후에도 중장기적으로 이어질 공부와 공부를 대하는 태도에 영향을 미칩니다.

이처럼 초등 시기에 읽기 능력을 형성하는 것은 곧 아이들의 공부 기초 뼈대를 쌓는 과정과도 같습니다. 어떤 건물이라도 기초 뼈대를 튼튼하게 쌓지 않으면 중간에 무너지기 마련이죠. 아이들의 공부 또한 마찬가지입니다. 공부를 잘하기 위해서는 글을 이해하고 해석하는 읽기 능력이 제대로 형성되어 있어야만 합니다. 초등학생 때 읽기 능력을 탄탄히 쌓지 못하면 중고등학교에 진학한 후 늘어난 학습량을 감당하지 못합니다. 다시 말해, 초등학생 때의 읽기 능력은 중고등 시기의 많은 공부량을 잘 버텨낼 수 있는지 아닌지를 판가름하는 기준이 됩니다.

물론 초등학생 때는 문장과 글의 의미를 완벽하게 파악하지 못하더라도 암기를 통해 그럭저럭 괜찮은 성적을 받을 수는 있습니다. 그러나 읽기 능력을 제대로 쌓지 못한 채 중학생이 되면 공부를 잘 소화해내지 못하고 결국 무너지게 됩니다. 중학교 공부부터는 암기가 아닌 '이해'를 해야만 제대로 문제를 풀 수 있고 성적도 향상될 수 있기 때문입니다.

예를 들어 초등학교 5학년인 재현이와 성찬이가 1학기 사회 교과서 1단원 내용 중 '한 나라의 영역은 그 나라의 주권이 미치는 범위를 말한다.'라는 문장을 읽고 있다고 가정해봅시다. 어휘를 잘 모르고 읽기 능력도 제대로 갖추지 못한 채 문장만 통째로 암기한 재현이는 이 문장 속에 담긴 의미를 제대로 파악하지 못합니다. 하지만 읽기 능력을 탄탄하게 쌓아 문장의 뜻을 정확히 이해한 성찬이는 '주권'이라는 단어를 눈으로 읽는 동시에 그와 관련된 배경지식인 영토, 영해, 영공 등을 떠올릴 수 있습니다. 이처럼 읽기 능력을 잘 쌓으면 과거에 공부한 내용과 현재 읽고 있는 글이 연결되는 유기적 학습을 경험할 수 있고, 좀 더 포괄적인 이해와 깊이 있는 학습이 가능해집니다. 이로써 중고등학생이 된 이후에 자신에게 맞는 공부법도 쉽게 터득할 수 있습니다.

읽기 능력이 잘 형성되면 글을 읽을 때 훑어 읽기, 천천히 읽기, 메모하며 읽기 등 다양한 읽기 전략을 구사할 수 있게 되고, 이 전략이 곧 공부법에도 영향을 미치게 됩니다. 옆 친구와 똑같은 글을 읽을 때도 친구와 꼭 같은 속도로 읽지 않고, 자신에게 쉬운 부분과 중심 내용이 아닌 부분은 훑어 읽기를 하며 빠르게 읽어나갈 수 있습니다. 반대로 자신에게 어려운 내용이거나 중요한 문장을 읽을 때 천천히 읽기, 메모하며 읽기 등의 전략을 구사하며 제대로 된 학습을 할 수 있습니다. 이처럼 읽기 능력을 갖춘 아이는 효율적으로 공부하는 방법을 스스로 익혀나갑니다.

반대로 읽기 능력을 갖추지 못한 아이는 제아무리 오랜 시간 의자에 앉아 있다고 해도 처음부터 끝까지 글을 읽는 행위 자체에만 집중하게 됩니다. 그리고 뒤돌아서면 방금 공부했던 내용조차 기억해내지 못하는 경우가 많죠. 많은 시간을 들여 공부하고 있지만 유독 성적이 좋지 않다면 지금 아이의 읽기 능력이 제대로 갖추어졌는지를 먼저 파악할 필요가 있습니다.

아이가 읽기를 하는 과정에서 스스로 내용을 파악하지 못하거나 글을 제대로 이해할 수 없어 좌절한 경험이 누적되면 읽기 자체가 스트레스로 다가오게 됩니다. 그로 인해 글을 읽는 것이 자신을 위축되게 만드는 행동이라고 받아들이게 되고, 결국 공부 자신감이 줄어들면서 학습하고자 하는 의지가 사라져 배움에 대한 열의도 잃게 됩니다.

📖 아이의 호기심을 함께 해결해주자

초등 시기에 읽기 능력을 잡아야 하는 이유는 초등학생 때가 다른 시기보다 직접 체험 학습을 하거나 책을 통한 간접 체험을 할 수 있는 시간적 여유가 충분하기 때문입니다. 그리고 읽기 능력의 출발점은 호기심을 해결하는 것에 있습니다.

초등 2학년인 해린이가 통합 교과서 중 하나인 '여름' 책을 보며 수박과 포도의 단면을 관찰한다고 가정해보겠습니다. 호기심이 많은 해린이는 교과서를 보며 포도씨의 생김새와 수박씨의 생김새가 다른 것을 발견하고 '왜 수박씨는 검은색이지?', '수박의 겉면은 초록색인데 반으로 자르면 왜 빨갛게 변하는 걸까?' 하는 식의 궁금증을 가지게 됩니다. 이러한 궁금증을 해결하기 위해 부모와 함께 책을 찾아보려 하죠.

이때 책 속 문장을 통해 궁금증이 해결되었다면 책 읽기를 통한 읽기 능력이 신장되었다고 할 수 있습니다. 해린이가 앞으로 수박과 관련된 글을 접하게 되면 이전에 책에서 읽었던 내용을 배경지식으로 활용할 수 있게 되고, 다른 아이들보다 좀 더 쉽게 글을 이해할 수 있을 테니까요.

이처럼 아이에게 호기심이 생길 때마다 부모가 이야기를 들어주고, 책을 함께 찾아보다 보면 아이는 자연스럽게 읽기 능력을 갖추게 됩니다. 그래서 초등 시기의 읽기 능력 형성을 위해선 부모의 역할도 매우 중요합니다. 초등 저학년 때부터 아이 혼자 이런저런 책을 읽는다고 할지라도 아이는 그 책들의 모든 내용을 다 이해했다고 말할 수 없기 때문입니다. 다음 지문을 살펴봅시다.

초등 2학년 1학기 국어-나 〈선생님, 바보 선생님〉 중

> "그건 아무것도 아니에요. 은행에서 병원으로 전화가 왔더래요. 어떤 거지가 선생님 수표를 가지고 왔으니 확인해 달라고요. 틀림없이 훔치거나 주운 것이라 생각했는데, 세상에, 월급 받은 걸 통째로 준 거였대요."

만일 초등 1학년 민지가 이 글을 읽을 때 은행에서 병원으로 전화가 온 이유, 거지가 월급을 통째로 준 이유를 제대로 파악하지 못하는 데다 '수표'와 '월급'이라는 단어의 뜻도 알지 못해서 글자를 그저 눈으로 읽기만 하고 있었다면 글을 제대로 읽은 것이라고 말할 수 있을까요? 아무리 다양한 책을 두루두루 읽는 아이라도 그 책과 관련된 배경지식이 전혀 없다면 올바른 읽기 능력을 형성할 수 없습니다.

그렇기에 부모가 아이의 옆에서 도와줘야 합니다. 단 한 권의 책을 읽어도 좋으니 부모가 함께 책을 보면서 아이가 잘 이해하지 못하는 내용을 구체적으로 알려주거나, 이러한 내용을 파악할 수 있는 지문이 책에 나와 있는지 확인하는 과정을 함께 실천하고 직접 보여줘야 합니다. 만일 책을 통해 해결할 수 없다면 다른 매체를 찾아보면서 글을 이해하기 위한 여러 가지 방법이 있다는 것을 아이에게 알려줘야 합니다. 그것이 읽기 능력을 발달시키는 첫 과정입니다. 이런 과정에서 아이는 점점 스스로 글 읽는 법을 알아가게 되고, 부모가 직접 보여줬던 방법을 통해 이해되지 않은 문장을 이해하면서 읽기 능력을 키워 나가게 됩니다.

📖 읽기 능력은 교우관계에도 영향을 미친다

지금까지 초등 시기에 읽기 능력을 잡아야 하는 이유를 학습적인 측면에서 살펴봤다면 이번에는 읽기 능력이 아이들의 전반적인 학교생활에 미치는 영향을 살펴보겠습니다.

학교에서 아이들을 보다 보면 유독 교우관계가 좋은 아이들이 있습니다. 예를 들어 읽기 능력이 우수하고 독서도 열심히 하는 민준이가 있다고 가정해봅시다. 항상 민준이는 친구들이 장난으로 놀려도 대수롭지 않게 여겨 웃으며 넘어가는 아이였고, 친구들과 관계도 좋았습니다. 그러던 어느 날, 쉬는 시간에 지혜라는 아이가 장난삼아 민준이를 놀렸죠. 그런데 그날따라 민준이가 지혜의 장난을 받아들이지 못하고 화를 내는 바람에 지혜는 무척 당황스러웠습니다.

그 상황에서 민준이는 지혜에게 솔직하게 이야기했습니다. "내가 오늘 아침에 엄마에게 심하게 꾸중을 들었어. 그래서 종일 그 생각 때문에 기분이 좋지 않았는데, 네가 나를 놀려서 갑자기 나도 모르게 화가 났어. 나 때문에 놀랐다면 미안해." 덕분에 지혜는 놀란 마음을 가라앉히고 민준이의 마음을 이해할 수 있었습니다.

평소에 다양한 책을 읽는 아이는 민준이처럼 타인의 입장에서 생각하는 법을 잘 알기에 자신의 마음을 말로 표현할 수 있습니다. 그래서 읽기 능력이 우수한 아이들은 사소한 갈등이 생겼을 때 친구들에게 자신의 상황이나 입장을 충분히 이야기할 줄 알며, 더 큰 문제를 일으키지 않고 갈등 상황을 쉽게 해결합니다.

반대로 읽기 능력이 부족한 동혁이가 민준이와 똑같은 상황에 처했다고 가정해봅시다. 자신의 마음을 잘 표현할 줄 모르는 동혁이는 "짜증 나니까 꺼져"라는 말로밖에 자신의 감정을 이야기할 수 없습니다. 이때 동혁이에게 '짜증'이란 아침에 엄마에게 꾸중을 들은 자신의 마음을 표현한 말이지만, 장난을 걸었던 지혜는 자신 때문에 동혁이가 짜증이 났다는 뜻으로 오해를 하게 되죠. 그리고 동혁이가 자신을 싫어한다는 생각에 점점 멀리하게 됩니다.

같은 갈등 상황이어도 읽기 능력이 뛰어난 아이는 문제를 쉽게 해결하지만, 반대의 경우에는 오해가 생겨 갈등의 골이 좀 더 깊어지기도 합니다. 물론 동혁이처럼 읽기 능력이 부족한 아이들 모두가 교우관계가 원만하지 않다고 말할 수는 없습니다. 다만, 필자가 직접 지도한 아이들 중 읽기 능력이 현저히 떨어져 학습 부진을 겪는 아이들 대부분이 친구들과의 갈등 상황을 원만하게 해결하지 못해 선생님의 도움을 받아야 했습니다.

📖 수업 시간에 상호 작용을 더 잘할 수 있다

　이번에는 수업 시간에서의 상호 작용을 살펴봅시다. 초등학생 아이들은 교실에서 선생님 및 친구들과 끊임없이 상호 작용을 하게 되죠. 그 과정에서 친구들과 함께 무언가를 수행하거나 자신의 의견을 말해야 하는 시간이 종종 생깁니다.

　예를 들어 체육 시간에 발야구를 한다면 아이들은 먼저 체육 교과서를 통해 발야구 규칙과 주의사항에 대해 배우죠. 이때 1루와 2루의 위치가 어디인지, 어느 방향으로 뛰어야 하는지 등을 글을 통해 제대로 이해한 아이들은 실제로 발야구를 할 때 공을 발로 참과 동시에 바로 1루로 뛰어갈 수 있습니다. 발야구 규칙을 잘 숙지한 덕에 그에 맞게 신체 반응이 일어난 것입니다.

　하지만 똑같은 글을 읽었을지라도 지시사항을 제대로 이해하지 못한 아이들은 공을 발로 찬 후에도 한참을 멍하니 서 있게 됩니다. 왼쪽으로 뛰어야 하는지, 오른쪽으로 뛰어야 하는지 전혀 감을 잡지 못하기 때문입니다. 보다 못한 친구들이 답답해하면서 뛰어야 할 방향을 알려주고 난 뒤에야 겨우 1루 방향으로 달려가보지만, 아이는 결국 아웃을 당하게 됩니다. 이런 일이 자주 발생할수록 친구들은 그런 아이와 같은 팀이 되고 싶어 하지 않죠.

　자신의 팀이 공격하는 상황일 때도 마찬가지입니다. 같은 팀 친구에게 "3루에 우리 팀이 들어와야 하니까 1루 쪽으로 뛰면 돼!",

"수비수가 공을 바로 받았으니 그만 뛰어!" 하는 식으로 상황을 정확하게 이야기해주고 싶지만, 읽기 능력이 떨어져 현재 상황과 관련된 단어를 잘 알지 못하거나 적절한 문장을 구사하지 못하는 아이들은 "뛰어!", "뛰지 마!" 하는 식으로 단순하게 이야기할 수밖에 없습니다.

이처럼 읽기 능력의 부재는 아이의 공부뿐만 아니라 교우관계, 상호 작용 등 전반적인 학교생활에 큰 영향을 미칩니다. 그렇기에 초등 시기에 읽기 능력을 제대로 갖추어야만 하고, 이런 읽기 능력은 충분한 시간적 여유가 있는 초등 시기에 부모의 도움을 받아야만 쌓을 수 있습니다. 무엇보다 읽기 능력을 잘 다질 수 있는 골든 타임은 초등 시기라는 것을 잊어서는 안 되고, 이 시기에는 우리 아이의 읽기 능력 형성에 많은 공을 들여야 한다는 점을 명심해야 합니다.

초등 공부와 읽기는
밀접하게 연결되어 있다

초등 공부의 기본은 글로 시작합니다. 아이가 글을 얼마나, 어떻게 이해하고 받아들이느냐에 따라 공부를 다루는 능력이 결정되죠. 읽기를 능수능란하게 잘하는 아이는 초등학교에서 접하게 되는 모든 공부를 제대로 이해하고 해석하면서 실생활에 적절하게 활용하는 능력까지 갖출 수 있습니다.

읽기와 관련된 초등 공부란 기본적으로 우리가 생각하는 초등 교과 공부 외에도 글쓰기와 독서가 해당됩니다. 이 3가지 요소는 서로 유기적으로 연결되어 있어서 읽기 능력이 제대로 갖춰지지 않으면 독서에도 애를 먹게 되고, 교과 공부와 글쓰기에도 부정적인 영향을 미치게 됩니다. 그만큼 초등학생 때 읽기 능력을 갖추는 것은 공부와 관련된 모든 것을 아이 스스로 해낼 수 있는 힘을 안겨주는 것이나 다름없습니다. 지금부터 읽기가 교과 공부, 독서, 글쓰기와 어떤 상관관계가 있는지 하나씩 알아보겠습니다.

📖 잘 읽는 아이가 공부도 잘하는 이유

가장 먼저 읽기가 초등 교과 공부에 미치는 영향을 알아봅시다. 교과서에 적힌 다양한 글을 읽는 것은 공부를 위한 읽기의 과정입니다. 문장을 하나하나 눈으로 읽으면서 머릿속으로는 문장에 내포된 개념을 지식화해 차곡차곡 저장하게 됩니다. 이는 공부를 위한 수단으로써의 글 읽기입니다. 교과서에 나온 개념을 제대로 이해하면서 자기 것으로 만들려면 교과서를 읽기 전에 읽기 능력부터 발달시키는 것이 선행되어야만 합니다.

교실에서 대부분의 시간을 의자에 앉아 교과서를 열심히 보면서 꾸준히 글을 읽는 재민이라는 아이가 있습니다. 쉬는 시간에도 자리에 앉아 글을 읽고 있는 재민이의 모습을 보면 '아, 재민이는 공부를 잘하는 아이구나. 시험을 잘 보겠네.' 하는 생각이 들곤 하죠. 하지만 재민이는 평가민 보면 점수가 잘 나오지 않습니다. 글의 핵심을 파악하는 읽기 능력이 부족하기 때문입니다. 재민이는 글을 읽어도 무슨 내용인지 전혀 이해하지 못한 채 의미 없는 읽기만 반복할 뿐이었습니다. 재민이는 개념을 제대로 이해했는지 파악하기 위한 쉬운 문제조차도 틀렸습니다.

반면에 학습 시간이 재민이보다 많지는 않지만 글을 읽을 때 집중해서 잘 읽는 지성이라는 아이가 있습니다. 지성이는 공부 수단으로써의 글 읽기 능력을 발휘함으로써 글의 핵심이 되는 부분과 자신에게 어려운 부분에 집중해서 글을 읽습니다. 재민이처럼 많은 시간을 할애하지 않고도 가지치기하듯 필요한 내용만 학습하는 것입니다. 그 결과 지성이는 평가를 볼 때마다 항상 기대 이상의 결과를 얻습니다.

재민이와 지성이의 사례를 통해 알 수 있듯, 공부를 위한 글 읽기가 제대로 되려면 단순히 글씨를 읽는 것에서 그치는 게 아니라 글을 이해하며 관련된 배경지식을 떠올릴 수 있어야 합니다. '사과'라는 글씨를 봤을 때 머릿속으로 사과의 이미지와 사과의 특징이 바로 출력되어야만 하죠. 이것이 진정한 읽기의 방법입니다. 이 과정을 통해 머릿속에 개념이 쌓이는 것입니다. 배경지식이 떠오르지 않는 상황에서 '사과'라는 글자를 100번, 1,000번 읽어봤자 아이는 사과가 의미하는 것이 무엇인지 전혀 알지 못합니다. 그렇게 되면 평가에서도 문제가 요구하는 개념을 떠올릴 수 없습니다.

따라서 아이에게 교과서를 무작정 읽도록 하기보다는 아이가 글을 제대로 이해하고 받아들일 수 있는 읽기 능력을 모두 갖추었는지를 먼저 파악해야 합니다. 읽기 능력이 발달하기 전에 여러 번 교과서를 읽거나 문제집을 반복해서 푸는 것은 안타깝게도 초등 교과 개념을 파악하는 데 큰 도움이 되지 않습니다.

　읽기의 기본기를 쌓지 못한 상태에서 학습을 강요받게 되어 억지로 글을 읽는 시간이 쌓일수록 아이는 교과 공부에 대한 부정적인 인식을 가지게 됩니다. 의미 없이 글자만 읽는 과정이 아이에게는 지루한 시간이 되어버리기 때문이죠. 그러다 보면 아이는 학습에 대한 동기니 흥미를 잃게 되고, 고학년이 될수록 교과서 공부 자체를 점점 등한시하게 됩니다. 교과서 내용이 머릿속에 들어오질 않으니 학습에 대한 긍정적인 정서를 느낄 수 없고, 어려운 것을 끝까지 붙들어 매려는 내적 동기도 생기지 않기 때문입니다. 그만큼 읽기 능력은 아이의 교과 공부의 질을 결정하는 데 있어서 중요한 역할을 합니다.

📖 글쓰기를 위한 첫 번째 조건, 읽기

　이제 읽기와 글쓰기의 상관관계를 알아보도록 하겠습니다. 아이들이 글을 이해한 뒤 자신의 생각을 표현하는 가장 기본적인 수단은 바로 글쓰기입니다. 그래서 학교에서는 평가 외에도 아이들이 글을 제대로 파악했는지 확인하기 위해 글쓰기 활동을 자주 활용합니다.

예를 들어 수업 시간에 글을 읽고 난 뒤 자신의 생각을 직접 글로 써야 하는 상황이 있다고 가정해봅시다. 이럴 때 아이들은 글의 어떤 부분이 재미있었는지 혹은 어떤 부분이 인상 깊었는지를 떠올리면서 기억을 끄집어내는 작업을 해야 하죠. 이것과 더불어 자신이 이 글과 관련해 직접 경험했거나 책을 통해 간접 경험했던 내용혹은 글과 관련된 지식이나 정보를 동시에 떠올려야 합니다. 이 2가지가 원활하게 이루어져야만 글쓰기를 할 때 더욱 구체적으로 자기 생각을 표현할 수 있습니다.

글을 잘 쓰기 위해서는 단순히 말로 표현할 때보다 훨씬 더 많은 단어와 배경지식이 충분히 동반되어야만 하고 이를 잘 활용해야 합니다. 한마디로, 뇌 저장고에 들어 있는 것들을 잘 끄집어내서 정교하게 배열하는 것이 바로 글쓰기입니다. 그리고 읽기 능력이 잘 형성될수록 정교화 작업을 잘할 수 있게 되어 글쓰기 실력도 점점 좋아지게 되죠. 읽기 능력이 뛰어난 아이들은 글을 자신만의 배경지식으로 만든 뒤 그때그때 필요한 상황마다 적절히 끄집어낼 수 있기 때문입니다. 글을 써야 하는 상황에 직면했을 때 읽기 능력에 따라 아이가 스스로 떠올릴 수 있는 생각이나 응용 가능한 통찰은 천차만별이 됩니다.

읽기 능력이 제대로 완성되지 못한 아이들은 자신의 생각을 조리 있게 써 내려가지 못합니다. 그리고 학년이 올라갈수록 글 쓰는 행동 자체를 점점 꺼리게 되죠. 이처럼 다양한 생각과 어휘를 직접 표현하는 글쓰기는 '읽기 능력'이라는 기초 공사가 탄탄하지 않고서는 해낼 수 없는 일이 되는 셈입니다.

📖 읽기와 독서는 떼려야 뗄 수 없는 관계

마지막으로 독서와 읽기의 상관관계를 알아보겠습니다. 읽기 능력은 아이가 책을 통해 간접 경험할 수 있는 세상의 폭을 결정합니다. 읽기 능력이 잘 형성된 아이들은 다양한 책을 읽으면서 차곡차곡 쌓인 글만큼의 간접 경험을 하게 되고, 책 속 주인공의 경험을 자신의 경험인 것처럼 생생히 느낄 수 있습니다. 혹은 누군가에게 쉽게 꺼내지 못할 고민이 있을 때 책 속 인물의 말이나 행동을 통해 고민을 해결하거나 마음의 위안을 얻기도 합니다. 이러한 긍정적인 독서 경험은 글의 내용을 잘 이해했을 때만 몸소 체험할 수 있는 것이죠.

이와 같은 긍정적인 경험이 쌓이면 누군가 책을 읽으라고 강요하지 않아도 아이는 스스로 책을 찾아 읽으려 합니다. 읽기 능력이 선행된 다독은 아이가 읽고 싶은 책을 스스로 선택하고 몰입해서 읽을 수 있는 힘을 만들어주죠. 내용을 이해할수록 책에 깊게 빠져들 수 있고, 또 깊이 빠져든 만큼 글을 읽는 행동 자체가 아이에게는 즐겁고 재미있는 경험이 되기 때문입니다.

읽기 능력을 완성하기 위해선 현재 아이의 읽기 수준을 파악한 뒤, 아이가 자신의 수준에 맞는 책을 골라 읽을 수 있도록 지도해야 합니다. 독서를 통해 기본적인 읽기 능력이 갖춰지면 학습을 위한 글 읽기인 초등 교과 공부도 원활히 진행될 수 있고, 머릿속에 차곡차곡 저장된 배경지식을 활용하는 글쓰기도 수월하게 해낼 수 있기 때문입니다.

독서, 글쓰기, 초등 교과 공부. 이 3가지는 모두 '읽기'라는 큰 틀 속에서 유기적으로 연결되어 있습니다. 그러므로 하나씩 따로따로 공부하려고 하기보다는 이 모두를 아우르고 있는 읽기 능력을 발달시키기 위해 노력해야 합니다.

초등 시기에 반드시 익혀야 하는 읽기의 4원칙

📖 읽기 원칙① 다독보다는 정독하기

무작정 글을 많이 읽는 것이 읽기 능력을 형성하는 좋은 방법은 결코 아닙니다. 초등 시기에 읽기 능력을 형성하려면 단 한 권을 읽더라도 깊이 있게 읽고 내용을 정확히 파악하는 '정독법'을 알려주는 것이 더 중요하죠. 그렇기에 가정에서 독서를 지도할 때 '한 달에 30권 읽기', '일주일에 3권 읽기'와 같이 아이의 다독을 권장하는 목표보다는 '지금 읽고 있는 책 속의 모든 문장을 이해할 정도로 읽기'와 같은 식으로 목표를 세우는 것이 좋습니다. 다시 말해 읽기 능력을 완성하기 위해 책을 '얼마나' 읽었는지보다는 '어떻게' 읽었는지에 중점을 둬야 합니다.

초등 저학년 때 정독하는 습관이 잘 형성되었다면 다독은 그 이후부터 시작해도 됩니다. 내용을 제대로 이해하지 못한 채 무작정 다독만 권장하는 것은 밑 빠진 독에 물 붓기나 다름없습니다. 초등 시기에는 우리 아이가 읽은 책의 권수를 파악하는 것보다 아이가 글 내용을 제대로 이해하며 읽었는지 확인하는 작업이 선행되어야만 합니다.

특히 초등 저학년 시기에는 올바른 정독 습관을 아이가 스스로 기르기가 어려우므로 부모가 꾸준히 옆에서 함께 책을 읽어주면서 방법을 알려줘야 합니다. 이때 아이가 좋아하는 책을 활용하면 부모가 책을 읽어줄 때 좀 더 집중해서 들을 수 있으므로 아이에게 직접 책을 선택하도록 하는 것이 좋습니다.

책을 한 문장 한 문장 곱씹어보고 대화를 나누는 과정에서 아이의 읽기 능력이 형성됩니다. 특히 초등 저학년 때는 그림책을 많이 활용하기 때문에 책 속의 그림에 대해서도 충분히 대화를 나누며 심도 있게 활동을 이어가는 것이 좋습니다. 부모가 한 문장 한 문장 소리 내어 읽을 때 글만 빠르게 읽으며 다음 장으로 넘어가기보다는 한 문장을 읽고 난 뒤, 그 문장과 관련된 생각과 느낌을 아이와 충분히 공유하는 시간을 가져야 합니다.

초등 1학년 2학기 국어-가 〈슬퍼하는 나무〉 중

새 한 마리가 나무에 둥지를 틀고 고운 알을 소복하게 낳아 놓았습니다.

"이 알을 모두 꺼내 가야지."

"지금은 안 됩니다, 착한 도련님. 며칠만 지나면 까 놓을 테니 그때 와서 새끼 새들을 가져가십시오."

"그럼 그러지."

며칠이 지나 새알은 모두 새끼 새가 되었습니다.

"하나, 둘, 셋, 넷, 다섯 마리로구나. 허리춤에 넣어 갈까, 둥지째 떼어 갈까?"

"지금은 안 됩니다, 착한 도련님. 며칠만 더 있으면 고운 털이 날 테니 그때 와서 둥지째 가져가십시오."

"그럼 그러지."

며칠이 지나서 와 보니, 새는 한 마리도 없고 둥지만 달린 나무가 바람에 울고 있었습니다.

"내가 가져갈 새끼 새가 모두 어디 갔니?"

"누가 아니? 나는 너 때문에 좋은 친구 모두 잃어버렸어. 너 때문에!"

책을 읽기 전

🧑‍🦰 책 제목이 왜 슬퍼하는 나무일까?

🧒 나무에게 안 좋은 일이 생겼을 것 같아요.

🧑‍🦰 어떤 일이 생겼을 것 같은데?

🧒 그림을 보니까 나무 주변에 아무도 없는데 친구가 없어서 슬퍼하는 게 아닐까요?

👩 그럼 어떤 일 때문에 나무가 슬퍼하는지 자세히 읽어보자.

책을 읽으며

👧 엄마, '까 놓는다'는 말이 무슨 의미예요?

👩 어미 새가 알을 잘 품고 있다가 새끼가 알을 스스로 깨고 나오는 걸 '까 놓는다'고 해.

　　(→ 이처럼 문장을 읽을 때마다 어려운 낱말 뜻을 충분히 설명해준다.)

👩 도련님은 왜 자꾸 새를 데리고 가려고 할까?

👧 새를 먹고 싶어서 그러는 걸까요?

👩 만일 네가 도련님과 함께 다니는 하인이라면 새를 데리고 가려고 하는 도련님에게 어떤 말을 할 거야?

👧 새를 데리고 가지 말라고 부탁하고 싶어요.

👩 책을 읽고 나니 왜 나무가 슬퍼하는지 알겠니?

👧 네. 도련님이 자꾸만 와서 새끼 새를 데리고 가려고 하니까 새들이 불안해서 다른 곳으로 도망가버렸어요. 그래서 혼자 남게 된 나무가 슬퍼하는 거예요.

이 예시처럼 책을 읽기 전에는 책 제목이나 책 표지를 보며 떠오르는 생각을 자유롭게 이야기하고, 책을 읽는 중에는 모르는 단어나 처음 접한 단어를 함께 알아보는 것이 좋습니다. 초등학생 아이들은 관찰 학습 및 모방 학습을 잘하기 때문에 부모의 이런 독서 습관을 자주 접할수록 책을 빠르게 읽어야 하거나 많이 읽어야 한다는 강박 관념 없이 한 권의 책을 온전히 자기 것으로 만들 때까지 여유롭게 정독하는 습관을 기를 수 있습니다. 이것이 곧 읽기 능력을 형성하는 첫 출발이 됩니다.

이런 식으로 부모가 문장을 하나하나 제대로 짚으면서 책을 읽어주면 아이 역시 글을 읽을 때 꼼꼼하게 읽는 법을 자연스럽게 터득할 수 있고, 혼자서 묵독을 할 때도 문장의 의미를 이해하며 읽으려고 노력하는 긍정적인 독서 습관을 갖게 될 수 있습니다. 따라서 한 문장을 읽더라도 정확하게 읽는 방법을 초등 시기에 알려주는 것이 중요합니다.

📖 읽기 원칙② 속독보다는 슬로리딩하기

어떤 글을 읽든지 내용을 제대로 파악하려면 글을 천천히 읽어야 합니다. 그래야만 문장의 의미를 좀 더 곱씹어볼 수 있기 때문이죠. 이러한 과정은 곧 아이가 생각의 폭을 넓히며 글을 이해하는 과정이 됩니다. 특히 하나의 문장에 담긴 여러 가지 의미를 파악할 때 슬로리딩이 더더욱 절실히 요구됩니다.

만일 글을 빠르게 읽거나 훑어 읽기 방법으로 대충 읽게 되면 문장 속의 여러 가지 의미를 놓치고 문장에 적힌 글자 그대로 해석하게 됩니다. 하지만 글을 천천히 음미하며 읽다 보면 중의적 표현이 담긴 문장을 읽을 때 그 문장 속의 또 다른 의미까지 파악할 수 있습니다. 예를 들어 '친구는 손이 참 크다.'라는 문장을 읽을 때 '손'을 단순히 신체로 받아들이지 않고 '씀씀이가 넉넉하고 후하다.'라는 관용적 표현으로 폭넓게 해석할 수 있는 것이죠.

그 외에도 천천히 읽기를 실천하다 보면 문장 속에 담긴 꾸며주는 말과 의성어, 의태어 등을 학습할 수 있는 기회를 얻을 수 있으며, 이를 글쓰기에 적절히 활용할 수 있습니다. 앞서 설명했듯 글을 통해 이해하고 스스로 해석한 내용을 글쓰기로 표현하는 것 역시 초등 읽기 능력 형성의 중요한 과정입니다.

현재 아이가 읽고 있는 글에서 이해되지 않는 문장을 발견했을 때, 그 문장을 제대로 해석하기 위해 책 읽기를 멈추고 다양한 노력을 시도하는 것 또한 슬로리딩에 해당됩니다. 여기에서 다양한 노력이란 모르는 단어를 국어사전에서 찾아보거나 관련 지식을 쌓기 위해 좀 더 쉬운 책을 읽거나 영상을 찾아보는 등의 적극적인 태도를 포함합니다. 예를 들어 '쇠똥구리'라는 단어를 처음 접해본 아이가 직접 국어사전을 통해 의미를 이해하고, 쇠똥구리 영상으로 배경지식을 형성하는 것 등이 해당합니다.

하지만 이런 적극적인 태도는 초등 저학년부터 저절로 형성되지 않습니다. 아이가 슬로리딩을 잘 실천하기 위해서는 하나부터 열까지 부모가 꼼꼼히 지도해야 합니다. 일단 글을 읽으며 모르는 단어가 보일 때는 지나치지 말고 바로 뜻을 파악하는 과정이 필요하다는 점을 알려주는 것이 좋습니다.

예를 들어 초등 1학년 1학기 국어 2단원에 나오는 〈밤길〉이라는 시를 읽을 때 '달님이 따라오며 비추어줘요.'라는 문장에서 '비추어줘요'라는 말이 이해되지 않는다면 부모가 함께 그 뜻을 알아본 뒤 다음 문장으로 넘어기면 됩니다. 만약 모르는 단어는 없지만 문장의 의미가 전혀 이해되지 않는다면 그 문장과 관련된 배경지식을 먼저 형성한 뒤, 다음 문장을 읽는 식으로 슬로리딩하는 법을 알려주면 됩니다. 앞의 예에서 '비추어줘요'라는 말의 뜻은 이해했지만 달님이 어떻게 따라오며 비춘다는 건지 이해되지 않는다면 달과 관련된 영상이나 책을 찾아보는 것이 좋습니다.

이렇게 관련 배경지식을 알아야만 이해되는 문장을 접하게 되면 다음 문장은 읽지 않고 표시만 해둔 뒤, 그 문장을 이해하기 위해 다른 책 또는 관련 매체를 찾아보는 등의 활동을 먼저 하는 것이 좋습니다. 이런 식으로 꼼꼼하게 글 내용을 파악하다 보면 아이는 책을 제대로 읽는 법을 알게 됩니다. 그리고 내용을 정확히 파악한 책은 다시 읽을 때 적절히 속독을 활용해 읽을 수 있습니다.

📖 읽기 원칙③ 1회독보다는 N회독 실천하기

똑같은 책을 여러 차례 반복해서 읽다 보면 '이런 문장이 있었나?', '왜 첫 번째로 볼 때는 이 문장을 내가 놓쳤지?' 하는 생각이

들죠. 같은 책일지라도 2번 읽었을 때보다 3번 읽었을 때 그 의미를 좀 더 잘 알게 되고, 3번보다 4번 읽었을 때 책 내용을 깊이 이해하게 됩니다. 회독 수를 늘릴수록 문장 하나하나에 좀 더 주의를 기울이며 읽게 되고, 책 내용도 머릿속에 더욱 생생하게 남기 때문입니다. 다시 말해, 1번 읽은 책보다는 4~5번 읽었던 책의 내용이 좀 더 또렷이 생각날 뿐만 아니라 더욱 깊이 있게 이해할 수 있는 것이죠.

문장을 나무에 비유하자면 처음 읽을 때는 단순히 나무 하나하나의 모습만 보이지만 회독 수를 늘릴 때마다 책에 담긴 문장을 아우르는 숲이 보이기 시작합니다. 그래서 눈으로는 같은 문장을 읽을지라도 머릿속으로 느끼는 생각이 매번 다를 수 있다는 것을 경험하게 됩니다.

예를 들어 문학 작품을 읽을 때 처음에는 주인공의 시점으로 책을 읽고, 두 번째로 읽을 때는 또 다른 인물의 시점으로 책을 읽어보면 다양한 인물의 성격이나 사건 등을 파악하는 데도 훨씬 도움이 됩니다. 이를 통해 책 내용을 좀 더 다양한 관점으로 해석할 수 있는 힘을 기를 수 있습니다.

『마당을 나온 암탉』을 예로 들면 처음에는 잎싹이의 시선으로 읽어보고, 두 번째는 초록이의 시선으로, 그리고 세 번째는 족제비의 시선으로 읽어보는 것이죠. 이렇듯 다양한 관점으로 책을 보다 보면 책 속에 나온 인물들의 상황과 행동을 좀 더 깊이 이해할 수 있습니다.

　이렇게 같은 책을 여러 번 반복해서 읽는 독서 습관은 교과 공부에도 적극적으로 적용할 수 있습니다. 회독 수를 늘리며 숲을 파악하는 방법을 익힌 이이들은 공부를 할 때 같은 문장을 여러 번 반복해서 읽으며 자신의 메타인지(내가 아는지 모르는지를 스스로 아는 힘)를 적절하게 잘 활용할 수 있습니다. 교과서를 반복해서 읽다 보면 자신이 잘 이해하고 있는 부분과 이해하지 못하는 부분을 구별할 수 있게 되죠. 여러 번 반복해서 읽었음에도 불구하고 문장이 전혀 이해되지 않는다면 그 문장과 관련된 개념이나 배경지식이 부족하다는 것을 스스로 자각할 수 있기 때문입니다.

　이렇듯 N회독 글 읽기 방법을 교과 공부에 활용하면 교과서에서 자신이 이해하지 못했던 문장만 집중적으로 학습하면 되므로 책을 읽는 데 많은 시간을 할애하지 않아도 됩니다. 이에 따라 공부를 효율적으로 할 수 있게 되는 것이죠. 또한 반복 읽기를 하는 동안 책에서 봤던 표나 삽화, 이미지 등도 함께 연상할 수 있게 됩니다. 따라서 읽기 능력 형성을 위해서 반복 읽기의 중요성을 아이에게 거듭 알려줄 필요가 있습니다.

📖 읽기 원칙④ 인풋 다음에는 아웃풋 실천하기

글 내용을 온전히 이해하려면 단순히 읽는 것에서 그치지 않고 읽은 내용을 다양하게 활용하는 아웃풋을 실천하는 것이 중요합니다. 자신이 읽은 내용을 여러 가지 방법으로 아웃풋하는 과정이 곧 읽기 능력을 활용하는 하나의 수단이기 때문이죠.

그렇다면 아웃풋을 하는 방법으로는 무엇이 있을까요? 책을 읽고 난 뒤 떠오르는 생각을 간단히 메모하는 것도 좋고, 책에서 인상 깊었던 문장을 그대로 필사하는 것도 하나의 아웃풋이 될 수 있습니다. 메모나 필사를 할 때는 초등 저학년 시기에는 단어나 한 문장 정도로만 간단히 적고, 초등 중학년부터 내용을 조금씩 더 늘려가면 됩니다.

이처럼 글쓰기로 표현하는 아웃풋 외에도 자신이 읽은 책을 가족들과 함께 공유하며 대화를 나누거나 책과 관련된 영화나 연극 등을 보는 것도 아웃풋이 될 수 있습니다. 혹은 책에 나왔던 내용과 관련된 박물관으로 직접 견학을 가거나 위인의 일화와 관련된 장소로 가족과 함께 여행하는 것도 좋습니다.

예를 들어 '이순신' 관련 책을 읽는다면 다음과 같은 아웃풋 활동을 실천해볼 수 있습니다.

읽기 능력을 키우는 아웃풋 실천법

① 글쓰기 아웃풋
· 책을 읽으며 가장 마음에 와닿는 문장을 적는다.
· 이순신을 떠올렸을 때 생각나는 것들을 자유롭게 마인드맵으로 표현한다.

② 체험 관련 아웃풋
· 이순신 관련 영화나 연극 등을 찾아서 관람한다.
· 명량 대첩이 일어났던 해남 울돌목을 직접 여행한 뒤 가족과 이야기를 나눈다.
· 이순신 박물관을 직접 찾아간다.

이처럼 글과 그림으로 나타내는 방법이나 누군가와 대화를 나누는 방법, 직접 실천하는 방법이 모두 아웃풋의 한 과정이 될 수 있습니다. 다양한 아웃풋은 아이의 배경지식 자산이 되어 아이가 또 다른 책을 접하게 되었을 때 좀 더 쉽고 재미있게 내용을 이해할 수 있도록 도와주는 역할을 합니다. 이렇게 책을 읽고 난 뒤 다양한 활동을 꾸준히 실천하면 배경지식을 적재적소에 활용할 수 있습니다.

아웃풋 했던 과정을 핸드폰 음성 녹음함에 녹음하거나 노트에 직접 기록해두는 것도 좋습니다. 나중에 다시 그 책을 읽게 되었을 때 책과 관련된 아웃풋 경험을 떠올릴 수 있기 때문이죠. 또한 아이가 책의 내용을 자신의 언어로 표현하는 능력도 기를 수 있다는 장점이 있습니다.

초등 시기에 여러 아웃풋을 경험해야 하는 이유는 중고등학교에 진학하게 되면 다양한 활동을 할 수 있는 여유가 줄어들기 때문입니다. 비교적 여유가 있는 초등 시기에 여러 가지 체험으로써 아웃풋을 실천할 수 있는 기회를 아이에게 충분히 제공해야 합니다.

2장

WHEN

공부 기초
체력을 만드는
초등 학년별
읽기 공부법

공부 기초 체력을 만드는 골든타임 3단계

초등 1~2학년 때 다른 아이들에 비해 읽기 능력이 떨어지거나 글의 의미를 제대로 이해하지 못하면 어떤 현상이 일어날까요? 아마 학년이 올라갈수록 읽기 공부를 꾸준히 했던 아이들에 비해 글을 이해하는 능력이 점점 더 뒤처지게 될 것입니다. 수업 시간마다 마주해야 하는 교과서에 적힌 친절한 설명조차도 어렵게 느껴지겠죠. 이런 경험이 쌓이다 보면 아이는 교과서 읽기를 하나의 고행처럼 받아들이게 됩니다.

그러다 초등 고학년이 되면 수업에 좀처럼 집중하지 못하고 교과서에 낙서를 하는 등 딴짓을 하거나 행여나 선생님이 발표를 시킬까 봐 시선을 책상에 고정시키게 됩니다. 매일매일 교실에서 이런 경험을 하는 아이는 점차 학습의 흥미를 잃게 되고, 서서히 공부와 담을 쌓게 되죠. 그러나 이제 겨우 12살, 13살인 아이가 글을 이해하지 못해서 일찍부터 공부를 포기한다는 건 정말 안타까운 일입니다. 그런 일이 발생하기 전에 초등 각 학년 발달 단계에 알맞은 읽기 능력을 차곡차곡 쌓을 수 있도록 도와줘야 합니다. 읽기 능력은 아이들의 공부 끈을 단단하게 붙들어주는 크나큰 원동력이나 다름없기 때문입니다.

초등 6년 공부 과정을 크게 3단계로 분류하면 초등 저학년인 1~2학년, 중학년인 3~4학년, 고학년인 5~6학년으로 나눠볼 수 있습니다.

초등 1~2학년은 공부 기초 체력을 형성하는 단계로, 운동에 비유하자면 준비 운동에 속한다고 말할 수 있습니다. 우리가 준비 운동을 할 때 가볍게 몸 여기저기를 풀어주듯이 1~2학년 시기에는 공부에 필요한 기초적인 내용을 습득해야 합니다. 여기서 '기초적인 내용'이란 바로 읽기의 기본인 기초 문해력, 즉 글자를 제대로 읽고 쓸 수 있는 과정을 말합니다.

초등 저학년 아이는 자음, 모음, 단어 등을 학습한 뒤 그림책을 보며 글과 그림을 탐색해나갑니다. 누군가가 준비 운동을 처음 시작할 때 동작 하나하나를 세부적으로 알려줘야 하듯이, 이 시기에는 아이가 글을 유창하게 읽을 수 있도록 읽기 방법에 대해 하나부터 열까지 꼼꼼하게 가르쳐줘야 합니다. 부모가 소리 내어 글을 읽어주면서 아이가 정확한 발음을 들을 수 있도록 도와줘야 하며, 함께 읽기를 할 때도 묵독보다는 음독을 통해 읽기의 기초를 차곡차곡 다져야 합니다.

초등 3~4학년은 공부 기초 체력을 심화하는 단계입니다. 공부 기초 체력 형성기 과정에서 유창하게 글을 읽게 되었다면 이 시기부터는 스스로 묵독을 하면서 읽기 능력을 심화해야 합니다. 또한 초등 3학년부터는 사회, 과학, 영어 등 새로운 교과목을 배우게 되므로 이때부터는 글뿐만 아니라 그래프, 도표 등 다양한 자료를 해석하는 읽기 능력도 함께 발달시켜야 합니다.

이 시기에는 글자 자체를 공부하기 위한 읽기가 아닌, 글 내용을 파악하고 지식화하기 위한 수단으로써의 글 읽기에 초점을 둬야 합니다. 글을 읽으며 이해되지 않는 문장이나 개념이 있으면 국어사전에서 뜻을 알아보거나 좀 더 쉬운 책을 찾아보는 등 다양한 방법을 동원해 읽기 능력을 발달시켜야 하죠. 묵독을 하면서 글을 이해하고 자신만의 배경지식으로 받아들인 뒤, 관련된 다른 책을 읽으면서 그 배경지식을 적절하게 적용하는 읽기 능력을 형성해야만 합니다.

이제 마지막인 초등 5~6학년 시기를 살펴볼까요? 이 시기는 공부 기초 체력을 완성하는 시기입니다. 중고등학교의 많은 학습량을 대비하기 위한 시기로 이때는 누구의 도움 없이도 스스로 책 한 권쯤은 완벽하게 읽을 수 있어야 합니다. 여기에서 말하는 '완벽하게 읽기'란 책에 적힌 글자를 처음부터 끝까지 눈으로 읽기만 하는 단순한 의미가 아닙니다. 스스로 배경지식을 떠올리며 글을 읽고, 어려운 부분에서는 천천히 읽기, 여러 번 읽기 등 다양한 전략을 구사히며, 내용을 완벽하게 이해하고 해석한 뒤 자신의 배경지식으로 만들어가는 과정을 의미합니다. 이해가 되지 않는 책을 처음부터 끝까지 붙들고 있기보다는 좀 더 쉬운 책으로 선택하거나, 어떤 개념을 알고 싶을 땐 목차를 살펴보며 그 개념과 관련된 부분만 찾아서 읽는 등의 전략을 활용할 줄 아는 것이 곧 공부 기초 체력을 완성하는 고학년의 읽기 방법입니다.

이 시기에 읽기 능력을 제대로 완성해야만 중고등학생 때 접하게 되는 방대한 양의 교과서도 알맞게 추려서 읽을 수 있음은 물론이고, 중요한 내용만 찾아 읽는 등 읽기 능력을 스스로 활용할 수 있게 됩니다. 이것이 곧 스스로 공부하는 법을 터득하는 과정이기도 합니다.

이렇듯 공부 기초 체력의 형성, 심화, 완성 단계를 차곡차곡 제대로 다지기 위해 각 학년 시기마다 중점을 두며 해야만 하는 읽기 활동이 있습니다. 구체적인 활동 내용을 지금부터 살펴보도록 하겠습니다.

초등 1~2학년,
읽기 공부를 차근차근 준비하는 시기

📖 학습 ▸ 소리 내어 읽도록 지도하자

초등 1~2학년은 소리 내어 공부하는 학년입니다. 이 시기에는 교과서 읽기, 독서, 어휘력 키우기 등 대부분의 학습 활동을 모두 소리 내어 하는 것이 좋습니다. 당연히 부모도 아이와 함께 무엇이든 소리 내어 읽어야 하는 시기라고 말할 수 있습니다. 그리고 본격적인 학습에 들어가기 전 반드시 갖춰야 할 건강한 공부 기초 체력을 처음으로 형성하는 시기이기도 합니다.

여기서 공부 기초 체력의 형성이란, 우리가 흔히 기초 학력을 나타낼 때 사용하는 '3Rs'인 'Reading(읽기)', 'wRiting(쓰기)',

'aRithmetic(셈하기)' 중 읽기와 쓰기를 집중적으로 길러내는 것을 의미합니다. 즉, 어떤 글을 유창하게 읽을 수 있는 능력과 자신의 생각을 글로 적절하게 표현할 수 있는 능력을 갖춰나갈 수 있도록 집중적으로 지도해야 합니다.

공부 기초 체력이 초등 1~2학년 시기에 탄탄하게 형성된다면 본격적인 학습에 돌입하는 초등 3학년부터 이 능력을 여러 방면에 자유자재로 활용하며 심화시킬 수 있습니다. 또한 학습 부진 및 결손이 생겨 공부를 멀리하게 되는 상황을 막을 수도 있죠. 그러므로 초등 1~2학년 시기에 제대로 된 읽기 방법을 익혀 공부 기초 체력을 형성해야 합니다.

🔍 교과서, 어떻게 읽어야 하나요?

• 소리 내어 읽기

초등 1~2학년의 교과 과정은 읽기 공부 위주로 이루어집니다. 한글을 막 깨치기 시작하는 초등 1학년 때는 한 교시당 40분씩 제자리에 앉아 공부해야 하는 학교 수업 방식에 익숙해지기 위해 매일매일 최소 20분씩 그날 배운 내용을 큰 소리로 읽는 연습을 해야 합니다. 그날 공부한 국어 교과서의 모든 페이지 속 한글을 하나도 빠트리지 않고 읽게끔 하는 것입니다.

이러한 읽기 공부 방법은 아이의 공부 기초 체력을 키우는 데 결정적인 역할을 할 뿐만 아니라 글자를 정확하게 발음할 수 있도록 만들어줍니다. 그렇기에 초등 1~2학년 때는 이 방법으로 읽기 수준을 반드시 해당 학년 수준까지 완벽하게 갖추고 3학년을 맞이해야 합니다. 만약 아이가 초등 1학년이 되었다면 아이와 함께 공부하는 20분의 시간을 소중히 여겨야 하며, 어떻게든 그 시간을 확보하려 노력해야 합니다. 아이가 20분씩 소리 내어 읽는 연습을 일상적으로 잘해낸다면 이후에는 시간을 1분 단위로 조금씩 더 늘려서 연습하도록 지도하는 것이 좋습니다.

그러나 아직 한글을 잘 읽지 못하는 아이에게는 한 글자씩 천천히 읽는 것조차도 무척 어렵게 느껴지기 때문에 현재 아이의 수준이 어떤지를 먼저 파악하고, 아이의 수준에 맞게 적절히 양을 조절해주어야 합니다. 이런 아이들의 경우 그날 학교에서 배운 모든 분량을 읽는 것이 아니라 교과서의 일부 단어와 문장을 차근차근 읽어나가는 연습을 하면 됩니다.

예를 들어 국어 교과서의 5쪽을 읽는다면 첫날은 5쪽에서 단어만 찾아 반복해서 읽도록 합니다. 그다음 날은 전날 읽은 단어를 포함하여 문장 읽기를 하면 됩니다. 이때, 부모가 손으로 글자를 하나하나 짚어주면서 읽는 연습을 도와주어야 합니다. 1~2학년 때부터 교과서 읽기에 부담을 느끼면 20분 읽기 시간이 아이에게는 스트레스로 다가올 수 있습니다. 따라서 한 번에 많은 양을 소화하도록 하기보다는 단어 읽기, 문장 읽기 흐름으로 양을 조절해주는 융통성이 필요합니다.

이런 식으로 초등 1~2학년 때부터 소리 내어 읽기 연습을 꾸준히 하면 시간이 지날수록 아이가 스스로 글을 읽을 때 글이 내포하고 있는 의미에 맞게 띄어 읽는 방법을 터득할 수 있습니다. 예를 들어 '아빠 가방 주세요.'라는 문장의 경우, 띄어 읽는 방법에 따라서 "아빠∨가방∨주세요."와 "아빠가∨방∨주세요."로 읽을 수 있습니다. 이처럼 아이는 문장을 소리 내어 읽으며 문장의 어느 지점에서 띄어 읽느냐에 따라 문장의 의미가 달라진다는 것을 알 수 있습니다.

초등 1학년 때부터 꾸준히 소리 내어 읽기를 하면 2학년 때부터 본격적으로 시작되는 말하기 수업에도 적극적으로 참여할 수 있습니다. 초등 2학년 국어 교과서를 살펴보면 친구들 앞에서 자기소개하기, 인상 깊었던 경험을 말하기와 같이 자기 생각을 조리 있게 말해야 하는 시간들이 꽤 많습니다. 이미 1학년 때부터 집에서 매일 20분씩 큰 소리로 읽기, 정확한 발음으로 읽기와 같은 연습을 했던 아이들은 이런 발표 수업에 대한 거부감이 크지 않습니다. 그런 아이들에겐 읽기 연습을 하던 공간이 '집'에서 '교실'로 바뀌는 것뿐이기 때문입니다. 그러므로 초등 저학년 때는 교과서를 소리 내어 읽는 연습을 꾸준히 해야 합니다.

• 오감으로 읽기

읽기의 기본적인 의미는 글을 읽고 이해하는 것에서 더 나아가 자신이 배운 내용을 실생활에 적용할 수 있는 것까지를 포함합니다. 배움을 통해 알게 된 내용을 더욱 폭넓게 이해하려면 글을 많이 읽는 것도 중요하지만 관련 배경지식을 형성하는 것 또한 매우 중요하죠. 예를 들어 수업 시간에 '고구마 캐기'와 관련된 글을 읽고 있는 두 아이가 있다고 가정해봅시다. 그중 고구마 캐기를 이번 수업 시간에 처음으로 접한 아이는 현재 읽고 있는 글에 드러난 단편적인 내용만을 이해할 수 있습니다. 하지만 어렸을 때 직접 고구마를 캐보았던 경험이 있는 아이는 같은 글을 읽으면서도 그 당시의 날씨나 흙의 촉감, 흙 속에 묻혀 있던 고구마를 뽑아 올렸을 때의 무게 등 자신의 경험을 머릿속에 떠올림으로써 해당 글을 더 잘 이해할 수 있습니다.

체험 학습을 할 수 있는 시간적 여유는 다른 학년보다 1~2학년 아이들에게 더 많이 주어집니다. 따라서 아이의 오감을 발달시킬 수 있는 다양한 체험 학습을 저학년 때부터 꾸준히 접할 수 있도록 해주는 것이 아이의 공부 기초 체력을 형성하는 데도 효과적입니다. 글을 이해할 때의 필수 요소인 한글 공부도 체계적으로 해야 하지만 아이가 직접 눈으로 확인하고 손으로 만져보며 오감으로 느낄 수 있는 체험 학습 또한 꾸준히 해야 합니다. 다만, 체험 학습을 하기 전에는 반드시 학습의 목적을 아이가 미리 알아야 하며, 체험 학습을 한 후에는 경험했던 내용을 아이가 스스로 기억할 수 있게끔 정리하는 습관을 들이도록 도와주는 것이 매우 중요합니다.

정리 방법은 다음과 같습니다. 1학년 때는 간단히 그날 겪은 일을 그림으로 표현해봅니다. 1학년 1학기 국어 ㄴ니 9단원에서 그림 일기를 배운 이후부터 간단하게 글을 쓰고 그림을 그리는 일기 형식으로 정리하면 됩니다. 아직 글쓰기에 서툰 아이의 경우 핸드폰의 녹음 기능을 활용해서 경험했던 일을 직접 소리 내어 말하고 음성 파일을 저장하는 방법도 괜찮습니다. 그날 경험했던 일이나 당시의 생각과 느낌은 하루가 지나기 전까지 아이의 기억 속에 가장 또렷이 남아 있습니다. 그때 기억을 제대로 정리해놓으면 관련된 공부를 하거나 책을 읽을 때 그것이 배경지식의 역할을 해주기 때문에 좀 더 수월하게 이해할 수 있게 되죠. 다음의 대화 예시처럼 미리 아이에게 체험 학습의 목적을 알려준 뒤, 아이가 궁금해하는 내용을 미리 살펴보면 됩니다.

🧑 지은아, 오늘은 우리 텃밭에 가서 고구마를 캘 거야. 고구마 캐러 가기 전에 궁금한 것이 있니?

🧒 엄마, 준비물은 뭐가 필요해요?

🧑 준비물은 삽이랑 장갑, 고구마를 담을 비닐봉지가 있으면 될 거야. 그 외에 또 궁금한 게 있으면 엄마한테 알려줘. 엄마랑 고구마 캐면서 하나하나 다 알아가보자.

🧒 흙을 얼마나 파야지만 고구마가 나올까요, 엄마?

그게 궁금하면 자를 챙겨가서 지은이가 고구마를 캘 때마다 흙을 얼마나 파는지 직접 자로 재보자.

그리고 고구마는 씨앗을 심어서 나오는 거예요?

이건 지은이가 직접 고구마를 캘 때 엄마가 설명해줄게.

(함께 고구마를 캘 때 흙에서 막 나온 고구마의 실물을 보여주면서 뿌리 식물에 대해 알려주면 된다.)

흙에서 막 나온 고구마의 색깔과 만졌을 때 느낌도 궁금해요.

우리 지은이가 고구마를 캘 때 필요한 준비물, 고구마가 땅에 얼마나 깊게 들어가 있는지, 고구마 심는 방법, 색깔, 느낌이 궁금하다고 했으니까 이걸 생각하면서 엄마랑 같이 재미있게 캐보도록 하자.

예시처럼 아이가 체험 학습과 관련해 궁금한 것을 직접 생각해 본 후에 경험하는 것과 아무런 계획 없이 단순히 활동을 하러 가는 것은 엄연히 다릅니다. 궁금증을 정리하고 계획을 세웠던 아이는 자신의 궁금증을 해결하기 위해 좀 더 깊이 있는 체험 학습을 할 수 있지만, 단순히 체험 학습 자체에만 집중한 아이는 그날 부수적으로 있었던 일은 금세 잊어버린 채 체험 학습을 했었다는 사실 하나만 기억해낼 뿐이죠.

이렇듯 아이와 체험 학습을 하기 전에는 반드시 계획을 잘 세워야 하며, 체험 학습이 끝난 뒤에도 오늘 경험한 것을 통해 알게 된 내용을 아이가 정리하도록 해야 합니다. 이처럼 체험 학습을 경험해야 읽기에 도움이 되는 배경지식을 차곡차곡 잘 쌓아나갈 수 있습니다.

• 예습·복습 읽기

읽기를 잘하기 위해서는 글에 자주 노출되는 것이 중요합니다. 이런 노출의 기본은 바로 교과서에서부터 시작됩니다. 교과서에 나온 내용을 스스로 복습하며 다음 날 배울 내용을 예습하는 습관이 공부 기초 체력을 차곡차곡 쌓아나가는 과정이죠.

매일 교과서의 1장 정도를 읽는 습관이 잘 형성되면 교과서뿐만 아니라 더 나아가 다양한 도서를 꾸준히 읽는 습관을 만들 수 있습니다. 앞의 읽기 공부가 유창성을 기르는 과정이라면, 예습·복습 읽기는 3학년부터 시작될 학습을 위한 본격적인 읽기 과정이라고 할 수 있습니다. 앞서 설명했듯 초등 1~2학년 때는 소리 내어 읽기로 예습·복습을 실천하고, 3학년 때부터는 소리 내어 읽기보다는 학습을 위한 묵독 읽기로 진행하면 됩니다.

예습·복습 지도 과정

읽기 분량 (예습·복습)	교과서 하루 1장
읽는 방법 (예습·복습)	소리 내어 읽기
예습 방법	1. 모르는 단어는 동그라미 표시하기 2. 궁금한 점은 교과서 옆에 적어놓고, 이해하기 어려운 문장은 연필로 밑줄 긋기
복습 방법	1. 동그라미 표시한 단어의 뜻 생각하기 2. 교과서에 적었던 궁금한 점이 해결되었는지 생각하기 3. 1~2번이 해결되지 않았다면 부모님과 다시 공부하면서 해결하고 다음 공부로 넘어가기

초등 저학년 때 예습·복습하는 방법을 제대로 익힌 아이들은 책을 읽을 때마다 궁금한 점을 스스로 정리하며 읽을 수 있고, 모르는 단어의 뜻을 찾아보는 집념을 가질 수 있습니다. 궁금한 내용을 그냥 넘기지 않고 끝까지 이해하려는 집념 또한 공부 기초 체력 형성의 한 과정입니다. 그러므로 초등 1~2학년 때부터 학습의 가장 기본인 예습·복습 습관을 들일 필요가 있습니다.

🔍 읽기 능력을 키우는 저학년 독서법

• 상상력을 동원해 그림책 읽기

책 표지와 제목으로 내용 예측하기

먼저 그림책의 표지와 제목을 보면서 어떤 내용일지 추측해보도록 합니다. 글을 읽기 전에 그림으로 표현된 이미지를 보면서 스스로 내용을 유추하고, 해석하는 능력을 키우기 위함입니다. 예를 들어 『장화 신은 고양이』를 읽기 전에 책 제목을 보면서 왜 고양이가 장화를 신고 있을지, 장화를 신고 무엇을 할지 등과 같은 이야기를 하면 됩니다. 다음으로 책 표지에 그려진 고양이 그림을 보면서 고양이의 생김새는 어떠한지, 성격은 어떨 것 같은지 등에 관해 이야기를 나누면 됩니다.

책 표지를 두고 충분히 이야기를 나누었다면 이제 그림책을 펼친 상태에서 글은 읽지 않고 그림만 보며 스스로 이야기를 만들어보도록 하면 됩니다. 이때 시중에서 쉽게 구할 수 있는 재접착풀을 종이에 바른 뒤, 그림책 속에서 글이 적혀 있는 부분만 가려놓는 작업을 미리 해두면 좋습니다. 글이 보이지 않고 그림만 나열되어 있으면 이이는 자신의 경험과 배경지식을 활용해 이야기 내용을 유추해나갈 수 있습니다. 아이가 직접 책 속 인물들의 이름을 지어보거나 그림의 단서만을 활용해 글의 전개를 구성해볼 수 있기에 아이 역시 흥미를 느끼게 됩니다. 이런 식으로 책의 마지막 장까지 이야기를 완성해봅시다.

글을 보며 이야기 다시 읽기

글자를 가리고 그림만 보면서 책 내용을 추측했다면, 책에 재접착풀로 붙여놓았던 종이를 모두 떼도록 합니다. 그 후에 글과 그림을 함께 보며 읽도록 합니다. 이때는 부모가 직접 소리 내어 책을 읽어줘도 좋고, 아이와 함께 읽어도 좋습니다. 이렇게 그림책을 읽으면 아이는 자신이 상상했던 이야기와 그림책에 적힌 이야기를 비교해가며 읽을 수 있고, 이러한 활동 없이 그냥 책을 읽었을 때보다 좀 더 읽기에 몰입할 수 있게 됩니다.

비교 대화하기

책을 다 읽고 난 후에는 아이가 그림을 보며 상상했던 내용과 비슷했던 부분이 무엇인지, 달랐던 부분은 무엇인지 충분히 대화를 나누어야 합니다. 책을 읽으며 처음 접한 단어가 있다면 그 단어의 뜻도 함께 파악하도록 합니다. 다음은 비교 대화의 예시입니다.

▶ 비슷한 부분을 이야기하거나 달랐던 부분을 이야기할 때는 그림책을 한 장 한 장 넘기며 이야기를 나누도록 합니다.

① 비슷한 부분 이야기

🧑 우리 처음부터 다시 보자. 주인공이 총 3명이었는데 그중 한 명이 고집이 셀 것 같다고 했지? 읽어보니 정말로 그랬네. 어떤 부분을 보고 이 주인공이 고집이 셀 것 같다고 생각했던 거야?

② 다른 부분 이야기

🧑 우리가 생각했던 것과 달랐던 부분을 찾으면서 이야기해보도록 하자. ○○는 이 장면에서 주인공에게 좋은 일이 일어날 것 같다고 했는데, 실제로 읽어보니까 그렇지 않았네. 무엇 때문에 좋은 일이 일어날 것 같다고 생각한 거야?

• 듣는 독서 실천하기

초등 저학년의 독서는 흥미에 중점을 둬야 합니다. 그러기 위해서는 먼저 듣는 귀가 열려 있어야 합니다. 그래야만 아이 스스로 책 읽기에 재미를 느끼게 되고, 책 읽기가 재미있어지는 순간부터는 책을 읽으라고 강요하지 않아도 아이 스스로 책을 집어 들게 되죠. 이것을 이해하지 못한 채 책 읽기를 강요해서 아이가 겨우겨우 책을 읽었다면, 책 읽기 시간은 채웠을지라도 아이에겐 결코 유쾌한 활동이 될 수 없습니다. 따라서 독서 습관이 제대로 잡히지 않은 초등 1~2학년 아이들은 반드시 '듣는 독서' 단계부터 제대로 시작해야 합니다.

부모가 책을 읽어주는 듣는 독서에 아이가 흥미를 갖기 시작하면서 귀가 충분히 열렸다면 이제 책 읽기의 주도권을 조금씩 아이에게 넘겨주면 됩니다. 그러나 읽기에 대한 지나친 강요는 오히려 독이 될 수 있으므로 반드시 아이가 읽고 싶은 의지를 내비쳤을 때부터 조금씩만 책 읽기 분량을 아이에게 넘겨주면 됩니다.

충분히 듣는 독서를 실천한 이후 아이가 함께 책을 읽고 싶다는 의지를 내비친다면 이제 함께 읽기를 병행하면 됩니다. 예를 들어 책을 읽을 때 왼쪽에 나와 있는 글을 부모가 읽기로 약속했다면(듣는 독서), 오른쪽에 나와 있는 글은 아이가 읽는 식으로(함께 읽기) 진행하면 됩니다. 만일 아이가 읽어야 할 부분 중에서 아이가 정확히 발음하기 어려워하는 부분이 있다면 그 부분만 부모가 대신 읽어주고, 아이가 부모의 정확한 발음을 그대로 따라 읽는 방식으로 진행하면 됩니다.

이렇듯 듣는 독서를 통한 상호 작용은 아이에게 무엇인가를 읽는 행동이 즐겁고 재미있는 경험이라는 것을 알게 해줍니다. 또한 아이들은 부모와의 긍정적인 상호 작용을 통해 이후에 본격적으로 시작될 지식 습득을 위한 학습 읽기 역시 능숙하게 해낼 수 있게 됩니다.

• 교과서 활용 독서법

초등 1~2학년의 교과서 활용 독서법은 간단합니다. 학기 중이나 방학 때 교과서에 일부만 실린 지문의 원서를 찾아 전체 내용을 모두 읽어보는 것입니다. 국어 교과서를 중점으로 하되, 수학 교과서나 통합 교과서 등도 잘 살펴보고, 지문이 나온다면 마찬가지로 해당 책을 찾아 읽으면 됩니다.

이러한 교과서 독서법은 교과목 수가 늘어나는 초등 3학년 이후에 배경지식을 활용해 교과 개념을 형성할 때 빛을 발합니다. 더불어 교과서의 지문을 읽을 때, 한 문장을 읽더라도 그 문장과 관련된 내용을 좀 더 쉽고 빠르게 이해할 수 있죠. 따라서 초등 1~2학년 때부터 교과서 독서법이 하나의 습관으로 자리 잡을 수 있도록 지도해야 합니다.

예를 들어 『토끼와 거북이』 중 교과서 지문에는 토끼가 거북이를 이기고 있는 책의 앞부분 내용이 수록되어 있다고 가정해봅시다. 해당 도서를 읽지 않고 이 지문만을 읽은 아이는 거만한 토끼가 낮잠을 자는 바람에 결국 거북이가 토끼를 이기게 된다는 책의 후반부 내용을 알지 못할 것입니다. 그러나 반대로 교과서 독서법을 통해 이 책을 이미 읽었던 아이는 해당 지문 뒤에 이어질 내용이 무엇인지 알고 있으므로 다른 아이들보다 훨씬 빠르게 지문을 이해할 수 있습니다.

아이가 주어진 지문 자체를 제대로 이해하는 것도 중요하지만 글을 읽으며 그 지문과 관련된 자신의 배경지식을 적극적으로 활용하는 것 또한 중요합니다. 그러므로 새 학기가 시작되기 전, 모든 교과서를 부모가 아이와 함께 한 장 한 장 넘겨보면서 어떤 책들이 나오는지 확인해봅시다. 그리고 나시 도시 목록을 징리해 잭을 읽고, 읽은 책은 체크를 하고 다음 책으로 넘어가면 됩니다. 책은 여러 번 읽을수록 좀 더 깊이 이해할 수 있으므로 1회독씩 늘려나갈 때마다 책 제목 옆에 동그라미를 치는 방식으로 읽은 횟수를 표시해주는 것이 좋습니다.

🔍 어휘력이라는 씨앗에 물을 주자

• 어휘 궁금증 유발하기

문장은 어휘의 조합으로 이루어집니다. 그렇기에 어휘를 제대로 알지 못한 채 글을 이해하기란 불가능하죠. 초등 1~2학년 어휘력 키우기의 가장 기본은 모르는 단어와 이해되지 않는 단어를 표시하는 습관을 기르는 것입니다.

글을 읽다가 모르는 부분이 생겼을 때 그 부분을 이해하고 넘어가야만 현재 읽고 있는 글의 내용을 제대로 파악할 수 있습니다. 아이들이 글을 순조롭게 읽지 못하는 가장 큰 이유 역시 글에 모르는 단어가 많기 때문이죠. 따라서 아이가 초등 1학년이 된 이후에는 글을 직접 읽거나 누군가가 책을 읽어줄 때 이해되지 않는 부분이 있으면 바로바로 표시하거나 물어보는 습관을 들이도록 지도해야 합니다.

하지만 이러한 습관은 저절로 생기는 것이 아니기에 습관으로 완전히 정착되기 전까지는 부모가 옆에서 함께 책을 읽으며 도와주어야 합니다. 아이가 스스로 모르는 단어를 표시하고 뜻을 찾아볼 수 있도록 하는 것이죠. 그리고 아이에게 다음과 같은 질문을 자주 하는 것이 좋습니다. "이야기에서 어려웠던 내용이 있었니?", "이해되지 않는 낱말이 있었니?", "오늘 읽은 책에서 가장 기억에 남는 낱말은 무엇이니?", "○○○라는 책을 떠올리면 어떤 낱말이 가장 먼저 생각나니?", "오늘 종일 들었던 이야기 중 엄마랑 좀 더 알아보고 싶은 낱말이 있었니?"

이렇게 아이가 궁금해하는 단어의 뜻을 알려줄 때 만약 해당 단어와 관련된 그림이 있다면 그 그림을 활용해서 아이가 뜻을 먼저 유추해보도록 하는 것도 좋습니다. 예를 들어 '씨름'의 뜻을 모르는 아이에게는 샅바를 맨 두 사람이 서로의 샅바를 붙들고 있는 그림을 보여주며 단어의 뜻을 아이 스스로 생각해보게 하는 것입니다.

• 다양한 어휘에 노출시키기

다양한 어휘 노출 학습은 앞서 설명한 방식과 비슷하지만, 그보다 좀 더 어려운 단어를 자연스럽게 알려주는 방법이라고 볼 수 있습니다. 예를 들어 초등 1학년 아이가 엄마와 함께 길을 지나가다가 주차된 차를 발견했다고 가정해봅시다. 이때 아이가 엄마에게 "엄마, 여기 옆에 차가 있어요."라고 했다면 "아! 갓길에 차가 주차되어 있구나."라고 말해주는 것입니다. 그러면 아이는 '갓길', '주차'라는 단어를 처음 들었을지라도 '길의 끝부분을 갓길이라고 하는 거구나.', '차가 사람 없이 혼자 서 있는 것을 주차라고 하는구나.' 하면서 자연스럽게 단어의 뜻을 유추할 수 있습니다. 만일 이러한 상황에서 아이가 새로운 단어의 의미를 잘 모른다면 "도로의 양 끝부분을 '갓길'이라고 한단다." 하는 식으로 설명해주면 됩니다. 이렇게 초등 저학년 아이들에게 어려울 법한 단어의 뜻을 자연스럽게 알려주려면 평소 아이가 하는 말을 세심히 들어야겠죠.

아이에게 책을 읽어줄 때도 어휘 노출 학습을 얼마든 적용할 수 있습니다. 예를 들어 '날씨가 추워지면서 물이 얼었어요.'라는 문장을 아이에게 읽어주고 있다고 가정했을 때, "어머, 물이 얼어서 고체가 되었구나."라고 말하며 자연스럽게 '고체'라는 단어를 알려줄 수 있습니다.

이렇듯 초등 저학년부터의 다양한 어휘 노출은 곧 아이의 공부 기초 체력 형성과 직결되므로 언제나 아이의 말을 귀 기울여 들어야 합니다. 그러고 나서 아이가 일상에서 한 말을 부모가 다시 바꿔서 표현하거나 같은 뜻을 가진 다른 단어를 일러주는 식으로 다양한 어휘에 노출될 수 있도록 도와줘야 합니다.

• 감정 카드로 어휘력 기르기

감정 카드는 아이의 공부 기초 체력을 기르는 데 필요한 어휘력을 향상시킬 뿐만 아니라 아이가 글을 읽을 때 작품 속 주인공의 성격이나 심정 등을 세밀히 파악하는 데도 도움을 줍니다. 아이들은 초등 1학년 이후부터 교과서와 다양한 책을 통해 여러 문학 작품을 접하게 되죠. 이 시기부터 문학 작품을 제대로 이해하기 위해서 작품 속 인물의 감정과 관련된 다양한 어휘를 알아야 합니다. 어려서부터 감정 카드를 활용해서 수많은 감정 어휘를 습득한 아이들은 인물의 사소한 감정 변화도 쉽게 파악할 수 있으며, 이런 정서적 민감성은 문학 작품 속 인물의 감정에 온전히 이입할 수 있게 만들어 줍니다.

감정 카드

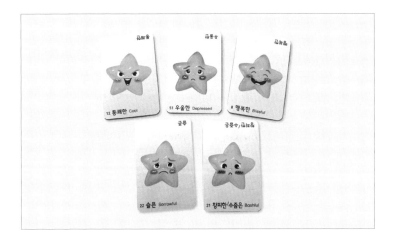

예를 들어 작품 속 인물이 화내는 장면이 자주 나온다고 가정했을 때, 감정과 관련된 단어를 잘 알지 못하는 아이는 인물의 감정을 그저 '화가 난' 상태로만 받아들이게 됩니다. 하지만 감정과 관련된 여러 단어를 알고 있는 아이는 작품 속 인물이 화를 내는 상황과 인물의 처지 등을 함께 고려해서 '열받는', '못마땅한', '불쾌한', '불만스러운', '분한' 등과 같이 세부적으로 인물의 마음을 파악할 수 있습니다.

가정에서 감정 카드를 활용할 수 있는 첫 번째 방법은 먼저 그림책을 읽고 난 뒤 감정 카드로 인물의 감정을 찾아보는 것입니다. 예를 들어 『흥부와 놀부』 중 놀부가 제비 다리를 일부러 부러뜨리는 장면에서 제비의 감정으로는 '슬픈', '아픈', '무서운', '불안한', '고통스러운' 등을 찾아볼 수 있습니다. 물론 반대의 경우도 있습니다. 『신데렐라』에서 신데렐라가 호박마차를 타며 궁전으로 가는 장면입니다. 이때 신데렐라의 감정으로는 '감동적인', '신나는', '설레는', '황홀한', '기쁜' 등의 긍정적인 단어들을 찾아볼 수 있습니다. 이처럼 다양한 감정 카드를 찾아 주인공의 마음을 심도 있게 파악하면 됩니다.

두 번째 방법은 감정 카드를 만든 뒤, 그 뒤에 자석을 붙여 냉장고 같은 곳에 붙여놓는 것입니다. 그러고 나서 '오늘 우리 가족의 기분'과 같은 주제를 선정해서 그에 맞는 카드를 온 가족이 각각 자신의 이름 옆에 붙여놓는 것입니다. 만일 아빠가 오늘 자신의 감정에 '풀이 죽은'이라는 카드를 붙였다면 다른 가족 구성원들이 아빠에게 무슨 일이 있었는지, 왜 풀이 죽었는지 등을 물어볼 수 있습니다. 그렇게 함으로써 가족 구성원 간의 대화 소재를 얻을 수 있으며 정서적 유대감도 형성할 수 있습니다.

🔍 본격적인 글쓰기 전 기초 다지기

읽기를 통해 공부 기초 체력을 형성하려면 글을 읽고 이해하는 것뿐만 아니라 이해한 내용을 자신의 언어로 새롭게 재창조해서 표현해낼 수 있어야 합니다. 자신의 언어로 표현하는 대표적인 방법은 바로 글쓰기입니다. 초등 아이들은 글을 통해 자신이 이해한 내용을 서술할 수 있게 되는데, 이때 아이들은 자신의 생각을 또렷하고 분명하게 표현하기 위해, 그리고 상대방에게 자신이 쓴 내용을 정확하게 전달하기 위해 글씨를 바르게 써야 합니다. 대부분 저학년 때 형성된 글씨체가 고학년까지 이어지므로 본격적인 글쓰기를 시작하기 전인 초등 1~2학년 시기에 글씨를 바르게 쓰는 연습을 해야 합니다.

• 글쓰기 1단계, 바르게 글씨 쓰기 연습
연필 바르게 쥐는 훈련하기
먼저 초등 1~2학년 글쓰기에서의 기본은 연필을 바르게 쥐는 법을 익히는 것입니다. 초등 1학년 때부터 꾸준히 연필을 바르게 잡는 법을 연습하면 글씨를 안정적으로 쓸 수 있게 될 뿐만 아니라 운필력 또한 좋아지게 되죠. 아이가 올바르게 연필을 잡는 습관을 들이고 글씨를 또박또박 씀으로써 누군가에게 칭찬을 받게 된다면 아이의 글쓰기 자신감은 더욱 높아질 수 있습니다. 그러므로 초등 1~2학년 시기에 반드시 아이가 연필을 바르게 잡는 습관을 들일 수 있도록 지도해야 합니다.

가장 좋은 방법은 가정에서 부모가 연필을 올바르게 쥐고 있는 모습을 틈틈이 보여주는 것입니다. 연필을 쥘 때는 엄지와 검지 사이에 연필을 올리고 두 손가락이 맞닿아 동그란 모양이 되도록 한 후, 중지 옆면으로 연필을 가볍게 받치는 식으로 잡으면 됩니다. 이 때 어느 한 곳에만 너무 많은 힘이 들어가지 않도록 주의해야 합니다. 이처럼 연필을 바르게 잡는 법을 아이에게 반복해서 알려주면 됩니다.

또한 연필심의 약간 윗부분을 잡도록 도와주고, 그 부분을 미리 네임펜으로 표시해두는 방법도 괜찮습니다. 연필을 바르게 잡기 힘들어 하는 아이들은 보조 도구를 적절히 활용해서 연습하는 것도 좋습니다. 초등 1학년 1학기 국어-가 1단원 '바른 자세로 읽고 쓰기'를 살펴보면 연필을 바르게 쥔 사진 자료가 있습니다. 이를 활용해 지도해도 좋습니다.

바른 글씨체 연습하기

바르게 글씨 쓰기 연습을 하려면 8칸 공책이나 10칸 공책을 활용하는 것이 좋습니다. 만약 아이가 8칸 공책에도 글씨 쓰기를 힘들어한다면 5칸 공책도 괜찮습니다.

① 그림 그리듯 따라 그리기

첫 번째 과정은 준비한 공책에 이미 적혀 있는 글씨를 그대로 따라 그리듯 연습하는 방법입니다. 아래처럼 공책의 네모 칸을 다시 또 임의의 4칸으로 나눕니다. 다만 네모 칸 하나가 4등분 되어 있는 공책을 미리 준비할 수 있다면 칸을 임의로 나눌 필요가 없으므로 더 수월합니다.

아래 그림을 보면 '이' 글자가 4등분한 칸 안에 들어가기 위해선 자음 'ㅇ'은 1번과 3번에, 모음 'ㅣ'는 2번과 4번 칸에 써야 한다는 걸 알 수 있습니다. 이런 식으로 아이가 글씨를 따라 그릴 수 있도록 지도하는 것입니다. 현재 초등 1학년 한글 공부 과정에 맞게 자음→모음→낱글자→낱말→문장 순으로 진행하면 됩니다.

고 리	학 교	우 리	고 유	그 물	기 억	의 자	의 사
고 리	학 교	우 리	고 유	그 물	기 억	의 자	의 사
고 리	학 교	우 리	고 유	그 물	기 억	의 자	의 사
				그 물	기 억	의 자	의 사
				그 물	기 억	의 자	의 사

노 래	효 도	구 두	휴 지	드 림	시 간	희 망	회 의
노 래	효 도	구 두	휴 지	드 림	시 간	희 망	회 의
노 래	효 도	구 두	휴 지	드 림	시 간	최 망	회 의
				드 림	시 간	희 망	회 의
				드 림	시 간	희 망	회 의

위의 사진처럼 2학년 때도 이어지는 글씨 따라 그리기 연습을 꾸준히 하면 아이는 바른 글씨체를 눈으로 쉽게 익힐 수 있고, 같은 글자를 반복해서 쓰다 보면 칸을 나누지 않더라도 해당 글자의 자모음이 어느 곳에 위치해야 할지 짐작해 글씨를 더욱 잘 쓸 수 있습니다. 초등 저학년, 특히 이제 막 1학년이 된 아이 중에서 유독 연필 쥐는 힘이 부족한 아이들은 손의 힘을 기르기 위해 틈틈이 선 긋기 연습도 병행하는 것이 좋습니다.

② 스스로 써보기

초등 1학년 한글 공부 과정(사음→보음→낱글자→낱말→문장)에서 다음 단계로 넘어가기 전, 글씨 따라 그리기 연습이 끝날 때마다 아이 스스로 글씨를 써보도록 하는 것이 좋습니다. 예를 들어 자음

따라 쓰기가 끝났다면 자음의 모양을 보지 않고 빈칸에 자음 하나를 아이 스스로 써보게 하는 것입니다. 자음 'ㄱ'의 경우 73페이지 그림의 1, 2, 4번 칸에 걸쳐 써야 하는데 아이가 그 흐름에 맞게 썼는지 확인해보는 것입니다. 다만 그 자리에 들어가도록 썼는지 철저히 검사하는 것이 아니라 글자의 모양과 크기 위주로 점검하도록 합니다.

• 글쓰기 2단계, 오감 일기 쓰기

한글 공부 과정과 마찬가지로 글쓰기 역시 자음→모음→낱글자→낱말→문장→짧은 글쓰기 순서로 연습하면 됩니다. 이때 짧은 글쓰기는 한 문단 정도면 충분합니다. 문단의 개념은 초등 3학년 국어 시간에 본격적으로 배우기 때문에 1~2학년 때는 문단 분량에 부담을 줄 필요가 없습니다.

가장 유용하게 활용할 수 있는 글쓰기는 오감 일기 쓰기로, 아이가 일기를 쓸 때 그날 있었던 일을 오감을 활용해 쓰는 것입니다. 오감 일기 쓰기는 낱글자까지 배운 뒤 낱말 쓰기 단계부터 시작하면 됩니다. 여기서 오감이란 시각, 청각, 촉각, 후각, 미각을 뜻하며, 눈으로 보고, 귀로 듣고, 손으로 만져보고, 코로 냄새를 맡고, 입으로 맛을 음미한 경험을 쓰는 것입니다.

처음에는 낱말로만 오감 일기를 쓰도록 하고, 초등 1학년 1학기 국어 7단원 '생각을 나타내요'에서 문장을 배우고 난 뒤부터 문장으로 오감 일기 쓰기를 시작하면 됩니다. 저학년부터 오감 일기를 활용해 글쓰기 연습을 하면 아이의 관찰력이 점차 길러지면서 비유적 표현이나 의태어, 의성어 등을 활용할 수 있는 능력 또한 키울 수 있습니다.

낱말로 오감 일기 쓰기

낱말로 오감 일기 쓰기는 아주 간단합니다. 그날 아이가 본 것, 들은 것, 만진 것, 맛본 것, 맡은 냄새를 한두 단어 정도로 써보도록 하는 것이죠. 예를 들어 햄스터를 봤다면 '본 것: 햄스터'라고 적고, "잘했어!"라는 말을 들었다면 '들은 것: 잘했어!'라고 적어보는 것입니다. 마찬가지로 엄마가 사 준 새 옷을 만져봤다면 '만져본 것: 새 옷'이라 적고, 반찬으로 소시지를 먹었다면 '맛본 것: 소시지 반찬'이라고 적습니다. 오렌지 냄새를 맡았다면 '맡은 냄새: 오렌지'라 적으면 됩니다.

문장으로 오감 일기 쓰기

문장으로 오감 일기 쓰기는 낱말로 썼던 것을 한 문장으로 이어서 쓰거나, 그것을 어디에서 보았고 어디에서 들었는지 해당 장소를 기준으로 적어보는 방법입니다. 문장으로 오감 일기 쓰기를 시작할 때는 쉼표, 느낌표, 마침표 등 문장 부호도 함께 지도하는 것이 좋습니다. 다음 예시를 참고해봅시다.

문장으로 오감 일기 쓰기 예시

낱말 오감 일기를 활용하기	이동한 장소를 기준으로 써보기
• 오늘 본 것 중 가장 기억에 남는 것은 햄스터다.	• 오늘 지혜 집에 놀러 가서 햄스터를 봤다. (시각)
• 오늘 들은 것 중 가장 기억에 남는 것은 "잘했어!"이다.	• 오늘 학교에서 내가 글씨 쓰기를 잘해서 선생님이 "잘했어!"라고 말씀하셨다. (청각)
• 오늘 만져본 것 중 가장 기억에 남는 것은 엄마가 사 준 부드러운 새 옷이다.	• 백화점에서 엄마가 사 준 새 옷이 정말 부드러웠다. (촉각)
• 오늘 맛본 것 중 가장 기억에 남는 것은 소시지 반찬이다.	• 급식실에서 나온 소시지 반찬이 맛있었다. (미각)
• 오늘 맡은 냄새 중 가장 기억에 남는 것은 오렌지 냄새다.	• 아빠가 과일 가게에서 사 온 오렌지 냄새가 참 상큼하다. (후각)

짧은 글쓰기로 한 문단 완성하기

한 문단 완성하기는 앞서 짧은 문장으로 썼던 글을 '그래서', '그리고', '그러나' 등의 접속어를 활용해 이어 쓰는 방법입니다. 이어 쓰기에 익숙해지면 시간 순서에 따른 짧은 글쓰기나 장소 변화에 따른 글쓰기 등으로 확장하여 쓰도록 지도하면 됩니다.

초등 저학년 때 이런 식으로 꾸준히 오감 일기 쓰기 연습을 하면 3학년 2학기 국어-가 3단원 '자신의 경험을 글로 써요'와 5학년 1학기 국어-나 7단원 '기행문을 써요'에서 두 문단 이상의 글쓰기를 배울 때 수월하게 글을 쓸 수 있습니다.

오늘 진혜와 같이 학교에 가서 진혜 집에 갔다. 진혜 집에는
귀여운 햄스터가 있다. 학교에서 글씨쓰기 수업할 때 선생님께서
"잘했어!"라고 말씀하셨다. 그래서 기분이 좋았다.
점심 시간에 급식실에 가니 소시지 반찬이 보였다. 내가 제일 좋아하는
반찬이어서 맛있게 먹었다. 학교 끝나고 집에 오니, 엄마가 새옷을 사오셨다.
엄마가 사준 새옷이 부드러웠다. 저녁에 아빠가 퇴근하고 오렌지를 사가지고
오셨다. 오렌지에 코를 대니 상큼한 냄새가 났다. 오늘도 즐겁고 재미있는
하루였다.

📖 정서 ▶ 공부에 관한 긍정적인 마음을 심어주자

글을 읽는 것은 뇌의 모든 부위를 활성화할 정도로 매우 고차원적인 작업입니다. 뇌는 위치에 따라 기억을 담당하는 부분, 집중하는 부분, 감정을 다스리는 부분 등 각각의 역할이 모두 나뉘어 있습니다. 아이가 집중하며 글을 읽으려면 최대한 뇌의 모든 영역이 제대로 활동할 수 있도록 도와줘야 합니다.

이제 막 초등 1학년이 된 아이가 읽기를 통해 공부 기초 체력을 형성하기 위해선 인지적으로 필요한 어휘를 학습해야 합니다. 그리고 독서와 관련된 활동 역시 필수적으로 해야 하죠. 하지만 이런 읽기 공부를 습관처럼 매일 하려면 우선 읽기에 대한 아이의 감정

이 긍정적이어야만 합니다. 즉, 읽기 공부는 학습적인 부분뿐만 아니라 정서적인 부분까지 뒷받침되어야 합니다. 그래야 학습 능률을 극대화할 수 있기 때문입니다. 학습과 정서는 떼려야 뗄 수 없는 관계이며 아이의 감정은 학습에 여러모로 관여합니다. 따라서 초등 저학년 때부터 아이의 정서적인 측면도 반드시 챙겨야 합니다.

만일 아이가 한글을 잘 읽지 못해서 크게 혼났던 경험이 있거나 부모와의 상호 작용 도중 부정적인 감정이 누적된다면 공부 기초 체력을 제대로 형성할 수 없습니다. 초등 1~2학년의 공부 기초 체력은 부모와 아이가 학습 및 정서적인 부분 모두를 원활히 소통할 때 비로소 형성할 수 있기 때문입니다.

학습을 '길'에 비유하자면 초등 저학년 아이들은 이제 막 초입에 들어선 것이라고 표현할 수 있습니다. 학습 길 입구 주변을 계속해서 맴돌며 자신이 이 길을 가도 되는지 혹은 재미있는 길이 맞는지 등을 탐색하고 관찰하는 시기가 바로 초등 저학년이죠. 그런데 만약 초등 저학년 때부터 학습에 대한 부담감이 생겨버리면 본격적으로 학습량이 늘어나는 초등 3학년 공부를 제대로 해나갈 수 없습니다. 그러므로 초등 저학년 때는 아이 스스로 공부에 재미를 느낄 수 있도록 학습에 대한 긍정적인 정서를 키워줄 필요가 있습니다.

긍정적인 정서를 키워주는 것은 그리 어렵지 않습니다. 지나친 과제를 주기보다는 그날 학교에서 배운 내용을 복습하도록 지도하면 됩니다. 이 과정에서 아이 스스로 작은 성취감을 자주 맛보도록 하는 게 중요합니다. 이를 잘 적용하기 위해 교과서 학습 목표를 활용하면 좋고, 아이가 복습하는 동안 부모는 아이와 정서적 상호 작용을 충분히 하면 됩니다.

💡 읽기 재미 느끼기_ 교과서 학습 목표를 활용해요

아이가 공부에 재미를 느끼게 해주려면 처음부터 지나친 공부 욕심은 버려야 하며, 현재 우리 아이의 수준이 어느 정도인지 궁금하다면 교과서 학습 목표를 살펴보면 됩니다. 만약 아이가 학습 목표까지 도달하지 못했다면 그 목표를 달성하는 데까지만 도와주면 됩니다. 예를 들어 초등 1학년 아이가 학교에서 '자음자의 모양 알기' 부분을 배웠다면 학습 목표대로 자음자의 모양을 아는 수준까지만 도달하면 되는 것이죠.

좀 더 잘했으면 하는 마음으로 다음 시간에 배울 모음자를 미리 알려주거나, 낱말 공부를 1시간 이상씩 시킬 필요가 없습니다. 예습을 과하게 하다 보면 아이는 1학년 때부터 학습에 피로를 느끼게 되고, 이런 피로가 누적될수록 공부를 점점 멀리하게 되기 때문입니다. 따라서 그날 배웠던 학습 목표를 아이와 함께 살펴본 뒤 그만큼까지만 공부하도록 해야 합니다. 학습 목표 수준까지 도달했다면 독서 활동이나 놀이 활동을 통해 아이가 공부에 부담감을 느끼지 않도록 해야 합니다.

무엇보다 아이에게 긍정적인 말로 아낌없이 칭찬해주는 게 좋습니다. 이러한 칭찬은 아이가 다음 날 수업 시간에 더욱 집중할 수 있는 힘이 되어주기 때문입니다. 학교에서 열심히 공부한 뒤 집에서 그만큼을 복습하면 또다시 부모로부터 칭찬받을 수 있다는 것을 아이들은 경험을 통해 알게 됩니다.

복습할 때는 아이와 함께 학습 목표와 학교에서 배운 날짜를 적고, 복습한 뒤에 학습 목표에 도달할 때마다 직접 동그라미를 치도록 하면 됩니다. 그리고 그 옆에 부모가 긍정적인 메시지를 한 문장씩 적어주는 것이 좋습니다. 그러면 아이는 1년 동안 부모로부터 365가지의 칭찬을 받을 수 있게 되는 셈이죠. 만일 학습 목표에 도달하지 못했다면 그날은 세모 표시를 한 후 간단한 응원의 메시지를 적어주는 것이 좋습니다.

아이에게 칭찬의 메시지를 적어줄 때는 '잘했어.', '최고야!'와 같은 간단한 메시지 대신, 아이가 공부하는 과정 중 인상 깊었던 점을 중점적으로 이야기해주는 것이 좋습니다. 또한 학습 목표에 도달하지 못한 날은 도달하지 못한 이유에 집중하기보다는 그날 아이가 공부하며 노력했던 점 위주로 적어주면 됩니다.

중요한 것은 아이에게 정해진 것 이상으로 과제 시간을 부여하거나 어떤 이유에서든 비난해서는 안 된다는 것입니다. 함께 약속했던 공부 시간이 끝나면 그날 공부는 그대로 마치면 됩니다. 그리고 미처 끝내지 못한 부분은 다음 날 마저 공부하도록 합니다. 이때도 마찬가지로 아이가 스스로 해결하기 어려워할 때 비난하거나 질책하기보다는 스스로 노력하는 모습 자체만을 바라보며 아이가 제 힘으로 해낼 수 있을 때까지 기다려주는 자세가 필요합니다.

학습 목표 활용 예시

날짜	학습 목표	도달 여부	메시지 한 마디
10/1	글을 읽고 무엇을 설명하는지 알기	○	글을 소리 내 또박또박 읽는 모습이 보기 좋았어!
10/2	받아 내림이 없는 (몇십 몇) − (몇십 몇)의 계산 방법 알기	△	26 − 13을 해결하려고 그림으로 직접 그려서 표시한 점이 보기 좋았어. 어려웠던 부분은 내일 다시 해보자!

🔍 긍정적인 상호 작용하기_ 부모의 경험을 이야기해요

이제 막 1학년이 된 아이는 글씨 쓰기와 읽기에 미숙한 게 당연합니다. 이러한 상황에서 아이가 자신의 수준을 다른 아이와 비교하지 않고 꾸준히 공부하며, 부모와 긍정적인 정서적 상호 작용을 이루기 위해서는 부모가 공부와 관련된 자신의 어렸을 적 경험담을 자주 들려주는 것이 좋습니다. 부모도 어렸을 때는 글을 읽고 쓰는 것이 어려웠다는 사실을 아이가 공감할 수 있을 정도로 정확히 알려주는 방법이 효과적입니다.

예를 들어 아이가 학교에서 받아쓰기 시험을 보고 난 이후 틀린 개수가 많아서 시무룩해 있다면 부모는 자신이 어렸을 때 학교에서 받아쓰기 시험을 잘 못봤던 경험을 아이에게 이야기해주면 됩니다. 이어서 그것을 어떻게 극복했는지, 어떤 과정을 거쳐서 맞춤법을 제대로 쓰게 되었는지 알려주는 것이죠. 만약 그 당시 자신이 어떤 노력을 했는지 기억나지 않는다면 틀린 글자를 10번씩 적어보거나 매일 읽기를 10번씩 했다는 등 현실적으로 아이에게 도움이 될 만한 방법을 이야기해주면 됩니다. 대신 부모가 과거에 실제로 경험했던 일인 것처럼 실감 나게 이야기를 들려줘야만 아이가 실천해보는 데 훨씬 효과적일 것입니다. 부모가 직접 썼던 글이나 일기 같은 자료가 남아 있다면 그 자료를 토대로 아이와 대화를 나눠보아도 좋습니다.

필자 또한 현재는 초등 교사이지만, 7살까지 글을 읽지 못하고 이름조차 제대로 쓰지 못해서 초등 1~2학년 때 애먹은 경험이 있습니다. 그렇기에 글씨를 잘 못 써서 속상해하는 아이가 있으면 "괜찮아, 선생님은 8살 때 선생님 이름도 제대로 못 썼어. 하지만 우리 지은이는 지은이 이름도 혼자서 잘 쓸 수 있잖아. 선생님보다 나은 걸?" 하면서 격려하곤 합니다.

아이와 학습 목표까지 공부한 이후 바로 끝을 맺지 말고 오늘 아이가 공부하며 가장 재미있었던 부분은 무엇이었는지, 반대로 어려웠던 부분은 무엇이었는지 등을 이야기하도록 합니다. 그리고 이 과정에서 아이가 유독 어려워하는 부분이 있다면 부모 자신의 어렸을 적 모습을 떠올리며 아이의 말에 진심으로 공감해주면 됩니다. 초등 1~2학년 때는 부모가 학습과 관련된 자신의 다양한 경험담을 아이에게 자주 들려주며 소통하는 것이 좋습니다. 이러한 소통이 많아질수록 아이는 '나만 어려운 게 아니었구나. 우리 엄마도 이때 는 이 부분이 어려웠구나.' 하며 위로를 받을 수 있기 때문이죠. 그 러면 학습 도중 어려움이 생길 때마다 포기하지 않고 부모에게 솔 직하게 도움을 요청할 수 있게 됩니다.

환경 ▶ 아이의 시선이 닿는 곳에 책을 놓아주자

공부 기초 체력을 키우기 위해 학습, 정서와 함께 고려해야 할 것이 또 있습니다. 바로 환경적인 부분입니다. 초등 저학년 때 가장 중점을 두어야 하는 것은 '책'과 '기본 공부 습관 들이기'입니다. 읽 고, 듣고, 쓰는 행위를 자주 반복해야 글을 잘 이해할 수 있고, 글을 잘 이해할 수 있어야 공부 기초 체력을 쌓을 수 있기 때문이죠. 그 러므로 초등 1~2학년 때는 책과 가까이 지닐 수 있는 환경을 조성 하고, 아이의 시선에 책이 자주 노출되도록 만들어줘야 합니다.

아이가 한글을 제대로 깨치기 위해선 한글을 눈으로 자주 보고 읽어야 합니다. 집에서 아이가 주로 머무는 곳마다 책이 놓여 있다 면 아이의 시선도 자연스럽게 책으로 향하겠죠. 특히 아직 한글을 제대로 깨치지 못한 아이들은 시각적인 요소를 통해 책의 내용을 이해하기 때문에 초등 저학년 시기에는 그림책이 아이에게 잘 보이게끔 놔두는 것이 좋습니다.

만약 모든 책이 책장에만 가지런히 꽂혀 있다면 아이가 볼 수 있는 부분은 책등의 책 제목뿐일 것입니다. 전집을 산 뒤 모두 책장에 꽂아놓는다면 글을 잘 모르는 아이들은 자신이 좋아하는 책이 어디에 있는지 쉽게 찾을 수 없겠죠. 부모와 함께 재미있게 읽은 책이라 하더라도 다시 그 책을 꺼내기 전까지 해당 책과 관련된 기억 또한 사라지게 됩니다. 따라서 초등 저학년 때는 책을 가지런히 정리해놓기보다는 소파 위, 아이 책상, 화장실 앞, 식탁 등 집 안 곳곳에 잘 보이도록 놔두는 것이 좋습니다. 아이가 독서에 관심이 없을수록 더욱 이런 식으로 책을 비치해놓아야 합니다.

그렇다고 해서 집 안 모든 곳에 놓일 만큼 많은 책을 준비하라는 뜻은 결코 아닙니다. 단 10권이라도 책장에 가지런히 두는 것보다 5권은 아이 방, 1권은 소파 위, 2권은 부모 방, 2권은 식탁 위 등 이런 식으로 골고루 잘 비치해두라는 의미입니다. 그렇게 하면 아이는 책을 자주 보게 될 것이고, 점차 책과 가까워질 것입니다.

책이 아이에게 자주 노출되었다면 다음과 같은 활동을 해봅시다. 처음에는 아이가 눈으로만 봤던 책에 어느 순간 아이의 손이 닿기 시작할 것이고, 그 횟수가 점차 늘어나면서 나중에는 책을 스스로 즐겁게 읽는 아이의 모습을 발견하게 될 것입니다.

🔍 책 환경 바꾸기 _ 아이와 함께해요

집 안 곳곳에 책 환경을 조성했다면 이제 본격적으로 책 환경 바꾸기 활동을 진행하면 됩니다. 10권의 책을 놓아두었다면 10권을 모두 다른 책으로 바꾸어도 좋고 일부 몇 권만 교체해도 됩니다. 만약 비치해두었던 책들로 반복 읽기를 시키고 싶다면 일주일 간격으로 해당 책들을 새로운 곳으로 옮겨놓으면 됩니다. 새로운 책으로 바꾸었다면 아이가 새 책에 호기심을 가질 수 있도록 책 표지를 함께 보며 어떤 내용일지에 관한 대화를 충분히 나누고, 책의 위치만 바꿔놓은 것이라면 각 책들의 위치가 어디에서 어디로 바뀐 것인지 정도의 퀴즈를 아이에게 내보는 것도 좋습니다.

책 바꾸기 활동은 아이와 함께하면 더 좋습니다. 만약 집 안 곳곳에 놓여 있던 책이 아닌 책장에 꽂혀 있던 책 중 아이가 마음에 들어 하는 책이 있다면 그 책을 아이가 직접 바꿔놓도록 시킨 뒤 부모가 바뀐 책을 찾아보는 미션을 수행하는 것도 좋습니다.

초등 저학년 때 이러한 활동을 자주 할수록 책에 대한 아이들의 관심도가 높아지며, 우리 집에 어떤 책이 있는지를 파악할 수 있다는 장점이 있습니다. 아이가 책 표지의 그림만을 보며 어떤 내용일지 충분히 상상했다 하더라도 스스로 글을 읽기 시작할 때까지 기다려주어야 합니다. 아이가 책과 장소를 활용해서 부모와 놀이를 할 수 있다는 사실을 인식하게 되면 점점 책에 대한 관심이 높아질 것이고, 읽기 역시 거부감 없이 잘해낼 수 있습니다. 따라서 초등 저학년 시기는 환경을 활용한 책 놀이를 아이와 꾸준히 해주는 것이 좋습니다.

🔍 매체 환경 조성하기_ 배경지식을 쌓아요

'백문이 불여일견'이라는 말이 있듯 아이가 글을 이해하기 어려워한다면 이해를 돕기 위한 이미지나 동영상 자료, 사전 등을 충분히 활용하는 것이 좋습니다. 특히 과학이나 사회, 미술, 체육 등과 관련된 책을 읽을 때는 보조 자료를 적극적으로 활용해야 배경지식을 다양하게 쌓을 수 있습니다. 그렇게 되면 아이의 글 읽기 속도도 빨라지기 시작하고, 과거에 공부했던 내용까지 함께 떠올릴 수 있는 기회도 얻게 됩니다.

아이가 초등 저학년이 되었다면 백과사전이나 국어사전 등을 아이의 손에 닿는 위치에 놓아둔 후, 사전 활용 방법을 아이에게 알려주거나 부모가 아이와 함께 국어사전을 펼쳐 단어의 뜻을 찾아주면 됩니다. 예를 들어 물고기 관련 책을 읽고 있다면 어류 도감 사전을 구해서 함께 살펴보거나 물고기 관련 동영상을 보여줄 수 있습니다. 나라에 관련된 책을 읽고 있다면 지구본이나 지도를 보조 자료로 활용할 수도 있습니다.

이처럼 여러 매체를 활용한 책 읽기를 아이가 여러 차례 경험한다면 초등 3학년 이후부터는 아이 스스로 도감이나 사전, 영상 자료 등을 활용하는 습관을 기를 수 있을 것입니다.

초등 3~4학년,
공부 기초 체력이 쑥쑥 자라나는 시기

📖 학습 ▸ 수단으로써의 읽기에 익숙해지도록

초등 1~2학년이 공부 기초 체력 형성의 기본인 읽기 자체에 가장 큰 중점을 두는 시기라면 초등 3~4학년 시기는 공부를 위한 글읽기를 준비하는 시기입니다. 이때 아이들은 읽는 것에 많은 노력을 들이기보다는 글을 수월하게 읽으면서 내용을 이해함과 동시에 독해하는 능력까지 길러야 합니다. 그리고 표나 그래프 등의 시각적 자료를 보고 글을 이해해야 하는 사회, 과학 등의 교과를 처음 배우게 되므로 보조 자료에 담긴 핵심 내용과 주제를 파악하는 분석 능력 또한 중요해집니다. 따라서 주어진 글을 보고 중요한 문장이나 주제를 찾으며 정리하는 습관을 길러야 합니다.

　글의 핵심 내용을 정리하며 이해하는 것이 곧 독해의 과정이죠. 그래서 초등 3~4학년부터는 새로운 교과목의 교과서를 살펴보는 것과 함께 공책 정리를 본격화할 필요가 있습니다. 이 시기에 공부 기초 체력을 심화하지 못하면 다른 친구들과 학습 격차가 벌어지게 되므로 다음과 같은 방법을 통해 꾸준히 읽기 학습을 진행해야 합니다.

🔍 교과서, 어떻게 읽어야 하나요?

• 검정 교과서 살펴보기

　검정 교과서는 민간이 집필하되 국가가 저작에 간접적으로 관여한 교과서입니다. 현재 3~4학년 검정 교과서는 기존의 영어, 예체능 교과였던 체육, 미술, 음악뿐만 아니라 국정 교과서였던 사회, 수학, 과학 교과서도 포함됩니다. 그러므로 아이의 학교에서 채택한 교과서뿐만 아니라 다른 검정 교과서의 내용도 함께 살펴보아야 합니다.

　똑같은 개념을 설명하더라도 발화자의 관점에 따라 설명하는 방식이 조금씩 달라지기 마련입니다. 같은 것을 설명하더라도 누군가는 그래프를 활용해서 이야기하고, 또 다른 누군가는 사진 자료를 활용해 설명하죠. 혹은 보조 자료 없이 글로만 해당 개념을 설명하기도 합니다. 이처럼 같은 내용이더라도 교과서마다 설명하는 방식이나 글의 전개 등이 다르므로 가능한 한 여러 교과서를 접해보는 것이 더 좋습니다. 어떤 개념에 대해 배울 때 a 교과서에 있는 그래프와 도표, b 교과서에 있는 사진을 모두 활용한다면 아이가 개념을 훨씬 더 쉽게 이해할 수 있기 때문입니다.

여기서 더 나아가 어떤 개념을 학습한 뒤에 a 교과서에서는 그 개념을 어떻게 설명했으며, b 교과서에서는 어떤 자료를 활용했는지 등을 아이가 부모와 함께 이야기하며 스스로 정리할 수 있도록 지도해야 합니다. 이렇게 이야기하며 정리하는 과정이 곧 이해를 넘어선 독해 과정이며, 이런 과정을 거쳐야만 제대로 된 학습이 이루어질 수 있습니다.

초등 중학년까지는 공부 조력자로서 부모의 역할이 매우 중요합니다. 따라서 매일 저녁마다 아이에게 어려웠던 것이 있었는지 물어본 후 같은 교과의 여러 검정 교과서를 통해 어려웠던 개념을 확실히 이해할 수 있도록 부모가 함께 도와줘야 합니다.

• 본격적인 공책 정리

초등 3~4학년부터는 과목별로 공책 정리를 시작하는 것이 좋습니다. 이때 과목은 국어, 수학, 사회, 과학 이렇게 4개의 교과목으로 연습하도록 합니다. 공책 정리를 하다 보면 아이가 그날 배운 내용 중 어떤 부분이 중요했는지 스스로 생각하며 머릿속을 구조화하는 데 도움이 됩니다.

국어 교과서 공책 정리법

국어 교과서 공책 정리를 할 때는 그날 배운 쪽수와 학습 목표를 함께 적고, 학습 목표를 달성하기 위해 반드시 알아야 하는 내용이 무엇인지도 정리합니다. 이때 '반드시 알아야 할 내용'이란 국어 교과서를 읽을 때 의식적으로 생각해야 하는 주제가 됩니다. 그 주제를 찾아가며 공책에 정리하는 과정이 곧 중심 내용을 이해하고 독해하는 과정인 것이죠.

국어 교과서에서는 차시마다 중요한 내용을 말풍선 형식으로 전달해주고 있습니다. 만일 중요한 내용을 아이가 잘 찾지 못한다면 국어 교과서의 말풍선 부분을 자세히 들여다보도록 지도하는 것이 좋습니다.

또한 그날 배운 내용 중 어려웠던 단어도 함께 공책에 정리하도록 합니다. 어려운 내용을 이해하기 위해선 어휘력이 반드시 뒷받침되어야 하기 때문입니다. 헷갈리는 단어의 뜻을 정확히 알게 되면 다른 글을 읽을 때 배경지식으로 적절히 활용할 수 있습니다. 학교에서 글쓰기 공부를 했다면 수업 시간에 썼던 글을 공책에 다시 써 보는 연습을 하는 것도 좋습니다.

국어 교과는 이번에 학습한 내용이 다음 학기 혹은 다음 학년에 좀 더 심화되어 나온다는 특징이 있습니다. 예를 들어 초등 3학년 국어 1학기 4단원 '내 마음을 편지에 담아'에서는 아이들이 자신의 마음을 표현하는 말을 배우고 그 마음을 담아서 직접 편지를 써보는 글쓰기 공부를 합니다. 이후 3학년 2학기가 되면 국어 6단원 '마음을 담아 글을 써요'에서 또다시 읽을 사람을 생각하며 마음을 전하는 글쓰기 공부를 하게 됩니다. 이런 식으로 이전에 배운 것과 연계된 내용을 다음 학기 혹은 다음 학년 때 다시 한번 재학습하는 흐름이 이어지죠.

공책 정리를 잘해놓으면 정리한 내용이 배경지식으로 작동하기 때문에 수단으로서의 글 읽기가 빠르게 진행될 수 있습니다. 더불어 한 문장을 읽더라도 좀 더 깊이 이해할 수 있으므로 심화된 내용을 훨씬 수월하게 학습할 수 있습니다. 그러므로 틈틈이 국어 교과서 공책 정리를 하도록 지도해야 합니다.

아이가 4학년 2학기 국어 2단원 '마음을 전하는 글을 써요' 부분을 공부할 때는 3학년 때 정리했던 국어 공책을 보며 자신이 적었던 글을 다시 읽어 보고, 그보다 더 나은 글을 쓸 수 있도록 도와주는 것이 좋습니다. 이러한 과정이 번거롭긴 하겠지만 국어 시간에 배운 내용을 공책에 잘 정리해야만 어떤 단원에서 무엇을 배웠는지, 그때 나왔던 문학 작품은 무엇이었는지 등을 빠르게 파악할 수 있고, 긴 호흡의 글을 접할 때도 중요한 부분만 메모하며 읽는 전략을 활용할 수 있습니다.

3학년 1학기 국어 공책 정리 예시

단원명	4. 내 마음을 편지에 담아
학습 목표	마음을 전한 경험 나누기(110~113쪽)
마음을 전할 때는? (중요 내용)	마음을 전하는 말과 까닭을 함께 말하기 (이 내용은 교과서 말풍선에 나온 내용을 정리한 것입니다.)
학습 목표	편지를 읽고 마음을 나타내는 말 익히기(114~117쪽)
마음을 나타내는 말	1. 괜찮아 2. 잘했어! 3. 고마워 4. 그때 그렇게 하지 말았어야 했는데…. 5. 너는 정말 열심히 했어.
학습 목표	글을 읽고 글쓴이의 마음 짐작하기(118~123쪽)
내 마음을 전하는 글쓰는 방법	1. 어떤 마음을 전할지 생각 2. 전하고 싶은 마음을 잘 드러낼 수 있는 표현 생각
학습 목표	마음이 잘 드러나게 편지 쓰는 방법 익히기(124~130쪽)
편지 쓸 때는?	1. 받을 사람 2. 첫인사 3. 전하고 싶은 말 4. 끝인사 5. 쓴 날짜 6. 쓴 사람이 들어가야 한다.
마음이 드러나게 편지 쓰는 방법	1. 전하고 싶은 마음이 잘 드러나게 쓴다. 2. 전하고 싶은 마음을 드러내는 표현을 사용하고 그때 자신의 마음이나 생각을 자세히 쓴다. 3. 편지의 형식에 맞게 쓴다.

3학년 국어 공책 정리 예시

　　단원과 학습 목표를 위의 표처럼 미리 공책에 정리해보면 2학기 6단원 내용을 배울 때 아이는 '마음을 표현하는 글쓰기'를 1학기 때 이미 배웠음을 알 수 있습니다. 그래서 2학기 6단원 공책 정리를 하기 전에, 1학기에 정리했던 4단원 내용을 복습하면서 앞으로 나올 2학기 6단원 내용을 좀 더 체계적으로 학습할 수 있게 됩니다.

단원명	6. 마음을 담아 글을 써요
학습 목표	이야기를 듣고 인물의 마음이 어떻게 변했는지 정리하기(192~194쪽)
인물의 마음을 아는 방법	인물이 한 일, 겪은 일, 생각, 말이나 행동을 살펴보기
학습 목표	이야기 속 인물의 마음을 헤아리며 글 읽기(196~203쪽)-동화
이야기에서 마음 알아보는 방법	등장인물이 한 일과 겪은 일, 생각과 말을 보면서 마음을 살펴본다.
학습 목표	읽을 사람을 생각하며 마음을 전하는 글쓰기(204~207쪽)
편지 쓰는 방법	1. 어떤 일이 있었는지 쓰기 2. 자신의 감정을 솔직하게 쓰기 3. 앞으로 바라는 점을 쓰기

수학 교과서 공책 정리법

바둑을 두고 난 뒤 다시 처음부터 원래 놓았던 대로 놓아보는 '복기'처럼 수학 공부는 복기가 가장 중요합니다. 한번 풀었던 내용을 처음부터 꼼꼼하게 살펴보고, 어느 부분에서 무엇 때문에 틀렸는지 정확하게 알아야 하기 때문이죠.

수학은 다른 과목과 달리 글의 내용을 읽고 이해한 것을 수와 계산으로 풀어냄으로써 정답을 도출해내야 합니다. 다시 말해 수식으로 풀어낸 값이 정답인지 아닌지를 통해 아이가 수학 교과서의 글을 제대로 이해했는지 확인할 수 있다는 뜻입니다. 만약 풀이 과정에서 틀린 부분이 있다면 문제의 어떤 부분을 잘못 이해했는지 점검해야 합니다. 그리고 적어놓은 수식과 문제를 교차로 확인해보면서 다시 제대로 이해하고 넘어가야 합니다. 수학 문제를 풀 때는 귀찮더라도 수학 공책을 미리 준비해서 문제 풀이 과정을 처음부터 끝까지 꼼꼼히 정리할 수 있도록 해야 합니다.

아이가 풀이 과정을 정리하는 데서 그치지 않고, 정리한 공책을 부모가 함께 보며 아이와 수학적 의사소통을 자주 나누어주는 것이 중요합니다. 한 문장 한 문장 꼼꼼하게 읽으며 중간중간 아이에게 질문을 하는 것입니다. "이 문장은 뭘 알아보라는 걸까?", "왜 그렇게 생각해?", "이 문제에서 가장 이해가 안 되는 문장은 어떤 문장일까?"처럼 말입니다. 좀 더 자세한 대화 과정은 다음의 예시를 참고해봅시다.

초등 3학년 1학기 수학 4단원 '곱셈' 문제 중, 아래 문제를 틀렸을 때

Q. 운동장에 전교생이 한 줄에 14명씩 서 있습니다. 3학년 학생들이 20번째 줄부터 28번째 줄까지 서 있다면 3학년 학생은 모두 몇 명인지 구해보세요.

🧑‍🦰 이 문제에서 어려웠던 단어는 없었니?

👧 전교생이라는 말이 어려웠어요.

🧑‍🦰 1학년부터 6학년까지 학생 전체를 전교생이라고 하는 거야. 이제 차근차근 처음부터 다시 읽어보자. 전교생이 운동장에 어떻게 서 있니?

👧 한 줄에 14명씩 서 있어요.

🧑‍🦰 전교생이 한 줄에 14명씩 서 있다는 건 무슨 의미일까?

👧 1학년부터 6학년까지 모든 학생이 14명씩 줄을 서 있다는 말이에요.

👩 그래, 맞아. 모든 학생이 14명씩 한 줄을 만들고 있는 거지. 그런데 3학년 학생은 몇 번째부터 서 있어?

👧 20번째 줄부터 서 있어요.

👩 그럼 2학년 학생까지는 몇 번째 줄에 서 있다는 걸까?

👧 19번째 줄까지요.

👩 그래, 맞아! 그럼 3학년 학생들은 어디부터 어디까지 서 있는지 확인해보자.

👧 문제를 읽어보니까 20번째 줄부터 28번째 줄까지 서 있어요.

👩 그럼 총 몇 줄을 서 있는 거지?

👧 8줄이에요. (→오답)

👩 왜 8줄이라고 생각해?

👧 20번째 줄부터 28번째 줄까지 있는 거니까 28에서 20을 빼면 8이 나오잖아요.

👩 뺄셈을 활용해서 알아냈구나. 뺄셈 말고도 정말로 8줄인지 확인할 수 있는 또 다른 방법은 뭐가 있을까?

👧 음… 그림으로 그려볼 수 있어요. (→엄마와 아이가 함께 그림을 그린다.) 8줄인 줄 알았는데, 9줄이었네요!

👩 그래, 맞아어. 20번째 줄부터라고 했으니까 이건 20번째 줄도 포함하라는 말이야. 그래서 28에서 20을 빼고 난 뒤 1을 더해줘야 해. 그다음 과정은 어떻게 하면 될지 이야기해볼래?

👧 14명씩 줄을 서고 있고, 3학년 줄은 9개라고 했으니까 9를 곱해주면 돼요. 제가 틀린 이유는 8을 곱했기 때문이네요.

그래, 잘 알아냈구나. 이제 교과서에 이 문제가 적힌 문장에서 '20번째 줄부터'라는 곳에 밑줄을 그어놓자. 여기가 이 문제에서 꼼꼼하게 읽어야 할 부분이야. 다음에 또 이 문제를 풀 때는 이 부분을 좀 더 신경 써서 읽으며 문제를 풀도록 하자.

수학 공책을 정리하는 방법은 다음과 같습니다. 우선 공책을 절반으로 나누고, 왼쪽에는 풀이 과정을, 오른쪽에는 왼쪽에서 풀었던 문제 중 틀린 부분을 복기하는 식으로 정리하면 됩니다. 이렇게 공책 정리를 하면서 아이와 대화를 나누다 보면 어느 부분에서 아이가 자주 틀리는지 쉽게 알 수 있고, 문제를 제대로 이해할 수 있게 되어 올바른 계산식을 도출해나갈 수 있게 됩니다. 그렇기 때문에 초등 3학년 이후에는 귀찮더라도 풀이 과정을 수학 공책에 꼼꼼히 정리해가면서 틀린 부분을 명확히 알고, 올바른 풀이법을 이해한 뒤 넘어갈 수 있도록 지도해야 합니다.

사회, 과학 교과서 공책 정리법

사회, 과학 교과서를 보면 글과 함께 그래프, 지도, 그림 등의 보조 자료가 교과서 대부분을 차지하고 있습니다. 이런 보조 자료는 중심 내용을 좀 더 쉽게 전달해주는 효과가 있죠. 그러나 이런 자료를 제대로 읽어내지 못한다면 사회, 과학은 아이에게 가장 어려운 교과가 될 것입니다. 글의 내용을 이해하고 해석하는 것도 중요하지만 보조 자료를 봤을 때 핵심 내용을 빠르게 알아채는 것도 읽기

사회, 과학 교과서 공책 정리 예시

(사회) 4학년 1학기 1단원. 지역의 위치와 특성

방위 : 지도에서는 위치를 동서남북으로 나타냄. 이것을 방위라고 함.

< 방위표 >

(과학) 4학년 2학기 2단원. 물의 상태 변화

무게	부피
얼기 전 11.0 g	
언 후 11.0 g	
⇒ 물이 얼면 무게는 변하지 않는다.	
물이 얼면 부피가 늘어난다.	

의 한 과정임을 기억해야 합니다. 따라서 공책 정리를 할 때는 중요 개념을 글로 정리하고, 그와 함께 그래프, 지도, 도표 등의 자료도 정리하도록 지도해야 합니다. 특히 2022년부터는 사회, 과학 교과서가 검정 교과서로 변경되었으므로 사회, 과학 공책 정리를 할 때 다양한 출판사의 보조 자료를 적극 활용하는 것이 좋습니다.

🔍 읽기 능력이 자라나는 중학년 독서법

• 영역 표시_ 의식적 읽기

초등 3학년 이후 교과목이 늘어나면서 아이들의 학습량도 그만큼 증가합니다. 교과목 공부를 어렵지 않게 잘해내려면 다양한 영역의 책을 골고루 읽어야 하죠. 하지만 아이가 여러 영역의 책을 읽기 위해선 부모가 아이에게 책을 골라주는 것보다 아이가 스스로 책을 선택해 읽어야 하며, 영역 표시를 하는 의식적 읽기를 해야 도움이 됩니다.

의식적 읽기 방법은 어렵지 않습니다. 책을 책꽂이에 꽂았을 때 눈에 보이는 부분에 스티커를 붙이는 것입니다. 이때 스티커 색깔은 골고루 준비하도록 합니다. 예를 들어 문학 작품은 빨간색 스티커를, 사회 관련 책에는 노란색 스티커를, 과학 관련 책에는 파란색 스티커를 붙이는 식으로 규칙을 정해보는 것입니다. 그러고 나서 책을 읽고 난 뒤에 그 책과 관련된 교과목 색깔의 스티커를 책에 붙이는 것입니다. 만약 과학 상식 책을 읽었다면 과학 교과목과 관련된 책이므로 파란색 스티커를 붙이고, 고조선 시대와 관련된 책을 읽었다면 사회 교과목과 관련된 책이므로 노란색 스티커를 붙이는 것입니다. 이렇게 각 교과 영역의 색깔을 지정해서 읽은 책에 스티커를 붙이며 독서를 하는 것이 바로 의식적 읽기 방법입니다.

이렇게 스티커를 붙이며 독서를 한 뒤 일주일 또는 한 달 주기로 아이가 자신이 읽었던 책을 점검하도록 하면 됩니다. 그렇게 하면 아이는 자신이 일주일 동안 몇 권의 책을 읽었는지 금방 파악할 수 있을 뿐만 아니라 어떤 영역의 책을 많이 읽었는지 한눈에 볼 수 있습니다. 이런 흐름을 매주 점검표에 정리하면 아이가 어떤 영역의 책을 잘 읽지 않았는지도 쉽게 알 수 있죠. 그러면 그다음 주에는 평소 잘 읽지 않았던 영역의 책을 좀 더 들여다보려 스스로 노력할 수 있게 됩니다.

이처럼 해당 영역을 표시하는 의식적 읽기를 초등 중학년 때부터 시작해야 하는 이유는 다양한 분야의 독서를 통해 새로운 배경지식을 형성하기 위함입니다. 이러한 배경지식은 공부 수단으로써의 글 읽기에 굉장히 큰 도움이 됩니다. 또한 여러 교과와 관련된 책을 두루 읽다 보면 다양한 단어를 익힐 수 있게 되고, 이를 통해 글쓰기 표현력도 향상됩니다.

그 외에도 의식적 읽기를 통해 아이가 스스로 어떤 영역의 책을 많이 읽었으며, 어떤 영역이 부족했는지 점검함으로써 자기 주도적인 독서 습관도 기를 수 있습니다. 이와 같이 사기 주도 독서 습관을 길러야 하는 중요한 이유는 초등 중학년부터 아이들의 편독 증상이 강화되기 때문입니다.

물론 편독 자체가 나쁜 것만은 아니지만, 하나의 교과 영역과 관련된 책만 열심히 읽은 아이보다는 다양한 교과의 영역을 두루두루 읽은 아이의 읽기 능력이 좀 더 나을 수밖에 없습니다. 평소 잘 읽지 않았던 교과 영역과 관련된 글을 처음으로 접했을 때 관련 배경 지식이 없으면 글을 수월하게 이해하기 어렵기 때문이죠. 그렇기에 의식적 읽기 방법을 활용해 스스로 교과 영역을 표시하며 점검해볼 필요가 있습니다. 만일 특정 교과의 내용이 어려워서 독서를 하는 것이 힘들다면 초등 1~2학년 수준의 읽기 쉬운 책이나 학습 만화 를 부모가 제안해주면 됩니다.

독서 점검표 예시

9월 1일~9월 15일 독서 점검표			
국어(빨간색)	2	미술(파란색)	2
수학(주황색)	1	음악(남색)	1
사회(노란색)	1	영어(보라색)	1
과학(초록색)	0	체육(검은색)	4
많이 읽은 영역	체육	부족했던 영역	과학

• 생각을 끄집어내는 독서 대화

초등 3학년부터는 본격적인 묵독 독서가 시작됩니다. 이 시기에는 '독서 대화'를 충분히 활용해서 묵독 독서를 한 아이가 글을 제대로 이해했는지 확인해야 합니다. 독서 대화는 글과 관련된 아이의 진빈적인 생각까지 알 수 있다는 장점이 있습니다. 다음과 같은 질문을 활용해 아이와 독서 대화를 자주 나누어봅시다.

공부 기초 체력이 좋아지는 독서 대화 질문

· 주인공은 왜 그랬을까? (인물의 행동과 관련된 질문)

· 왜 그런 일이 일어났을까? (사건과 관련된 질문)

· 만일 주인공의 성격이 ~했으면 어땠을까? (인물의 성격과 관련된 질문)

· 만일 이 일이 지금 일어났으면 어땠을까? (이야기의 시대적 배경과 관련된 질문)

· 너라면 이 상황에서 어떤 선택을 했을 것 같니? (선택과 관련된 질문)

예시처럼 독서 대화를 할 때에는 행동, 성격, 배경, 선택 등과 관련된 질문에 '왜', '만약', '너라면'이라는 말을 적절히 활용하면 됩니다. 아이의 생각을 묻는 독서 대화를 자주 하면 아이의 두뇌 영역에 골고루 자극을 주면서 창의성이 좋아질 뿐만 아니라 비판적 사고와 문제 해결력 또한 기를 수 있다는 장점이 있습니다.

· 함께 읽는 묵독 소통

이 시기부터는 온 가족이 같은 책 한 권을 읽고 이야기를 나누는 묵독 소통을 하는 것이 도움이 됩니다. 함께 읽는 묵독 소통은 책에 나오는 내용을 자유자재로 활용해 소통할 수 있다는 장점이 있습니다. 예를 들어 가족끼리 정한 분량만큼 책을 읽은 뒤 각자 해당 부분의 내용과 관련된 문제를 만들어서 가족 구성원들에게 풀게 하는 방법이 있습니다. 글의 내용을 물어볼 질문을 만들어도 좋고, 글 속에 나오는 단어의 뜻을 물어보는 수도 있습니다.

또 다른 활용 방법으로는 가장 인상 깊었던 문장을 가족 채팅방에 공유하거나 책에 나온 내용과 비슷한, 우리 가족이 함께 겪었던 경험을 이야기하는 것이 있습니다. 만약 함께 읽고 있는 책의 내용 중 주인공이 바닷가에 놀러 간 이야기가 나온다면 이 부분을 활용해 우리 가족이 함께 바닷가에 갔던 경험에 대해 이야기하는 것입니다. 지금까지 우리가 갔던 바닷가는 어디가 있으며, 그중 어느 곳이 왜 가장 좋았는지 등을 공유하면 됩니다. 그리고 이런 이야기를 활용해서 지금 읽고 있는 책의 주인공의 마음은 어떨지 등을 함께 이야기해보는 것입니다.

묵독으로 넘어가는 시기에 이런 활동을 자주 하지 않으면 음독을 할 때보다 아이의 집중력이 흐트러지고, 책의 내용을 잘 이해할 수 없게 됩니다. 특히 그림책이 아닌 동화책이나 소설책 등을 읽을 때면 더욱 그렇습니다. 아이에게 집중하며 읽는 힘을 길러주기 위해선 가족 간의 소통을 잘 활용해야 합니다. 그러면 아이는 책을 읽을 때 눈으로만 대충 읽지 않고 한 문장 한 문장 정독하면서, 가족과 공유하고 싶은 문장을 스스로 찾거나 비슷한 경험이 있었는지 생각하며 책을 읽게 됩니다.

초등 3학년 2학기 국어-나 〈꼴찌라도 괜찮아〉 활용 예시

이 책에서 기찬이가 "난 운동회가 정말 싫어!"라고 한 말이 와닿아요. 저도 기찬이처럼 달리기하는 게 싫어요. (→가장 인상 깊었던 문장)

엄마는 기찬이가 운동회가 싫다고 했어도 정작 반 대표 달리기 선수로 뽑혔을 때 포기하지 않고 달리는 모습에 감동받았어. (→인상깊은 장면)

아빠 어렸을 적에는 운동회 날이 마을 잔치하는 날이나 다름없었단다. 온 동네 사람들이 다 모였던 큰 행사였어. 줄다리기할 때는 마을 사람들이 함께하기도 했단다. 아빠도 운동회 때 키 순으로 6명씩 세워서 달리기를 하면 항상 꼴등이어서 기찬이처럼 운동회를 싫어했던 기억이 나. 그런데 엄마 말처럼 아빠도 기찬이처럼 포기하지 않고 열심히 달렸어야 했는데, 하는 생각이 드는구나. (→관련 경험 공유)

🔍 어휘력을 키우는 4가지 방법

• 국어사전 & 백과사전 활용하기

초등 3학년이 되면 국어 시간에 국어사전을 활용하는 방법에 대해 배우게 됩니다. 이때를 기점으로 가정에서도 국어사전을 적극 활용해야 합니다. 이왕이면 어린이 국어사전 2권, 성인용 국어사전 1권을 준비해두기를 권장합니다.

어린이 국어사전은 아이의 공부방에 1권, 온 가족이 함께 사용하는 거실에 1권을 비치해두면 됩니다. 여유가 된다면 방마다 각각 다른 출판사에서 출간된 어린이 국어사전을 놓아두는 것도 좋습니다. 아이의 시선이 닿는 곳곳에 국어사전을 놓아둔 뒤, 대화를 나누거나 아이가 책을 볼 때, 혹은 함께 TV를 볼 때 모르는 단어가 나왔다면 그 자리에서 바로 사전으로 궁금증을 해결하는 것이 좋습니다. 모르는 단어를 바로 알고 넘어가면 해당 단어가 속했던 문장도 기억해낼 수 있고, 문장 자체를 덩어리째로 이해할 수 있다는 장점이 있습니다.

초등 3학년부터 국어사전을 수시로 활용하는 공부 습관이 생기면 처음에는 단순히 한 단어의 뜻을 찾는 용도로만 사용했던 사전을 파생어, 유의어 등을 찾는 데까지 활용하게 되면서 아이 스스로 국어사전을 능수능란하게 다룰 수 있게 됩니다. 또한 어린이 국어사전은 아이가 쉽게 이해할 수 있는 문장으로 설명되어 있고, 같은 단어여도 어린이 국어사전과 성인용 국어사전에 기재된 내용이 조금씩 다르므로 좀 더 추상적인 내용을 다루는 성인용 국어사전까지 함께 볼 수 있도록 지도해야 합니다.

국어사전에서 모르는 단어의 뜻을 찾았을 때 그 뜻을 이해하는 데 그치지 않고 관련 내용을 백과사전을 통해 다시 한번 복습하는 것이 좋습니다. 예를 들어 국어사전에 어떤 단어의 뜻이 '물고기의 한 종류'라고 적혀 있었다면 그 자리에서 바로 백과사전을 통해 그 물고기의 사진과 특징을 좀 더 자세히 보면서 깊이 있는 학습을 하는 것이죠. 이렇게 국어사전과 백과사전을 함께 보면 이후에 그날 익힌 단어를 마주치게 되었을 때 국어사전에서 찾았던 뜻과 함께 백과사전에서 보았던 이미지를 동시에 배경지식으로 활용할 수 있습니다.

무엇보다 국어사전과 백과사전을 함께 활용해야 하는 이유는 글을 읽을 때 문장을 제대로 이해할 수 있는 핵심 단어를 학습할 수 있기 때문입니다. 그러면 해당 단어가 포함된 또 다른 글을 처음 접하게 되더라도 단어와 관련된 시각적 이미지까지 떠오르면서 글을 술술 읽을 수 있게 되죠. 이런 경험이 차곡차곡 쌓여야 글을 잘 읽을 수 있게 되고, 공부 기초 체력을 튼튼히 다질 수 있습니다. 따라서 단어 학습을 할 때에는 백과사전도 함께 찾아보는 습관을 들여야 합니다.

• 어린이 신문 활용하기

글의 내용을 파악하고 단어의 뜻을 정확하게 이해하는 연습을 하기 위해 지면으로 된 신문을 공부하는 것만큼 좋은 방법이 없습니다. 아이들이 공부 기초 체력을 향상하기 위해선 초등 중학년 시기부터 신문과 가까이 지내도록 해야 합니다. 어린이 신문을 공부하다 보면 과학, 사회, 경제, 시사 상식을 확장할 수 있는 단어를 자연스레 접할 수 있고, 이런 단어를 자주 접할수록 아이들의 어휘력은 날로 좋아질 수밖에 없습니다. 모르는 단어의 뜻은 국어사전을 활용하여 공부하도록 지도하면 됩니다.

어린이 신문을 활용한 '질문 대화'를 꾸준히 하다 보면 아이의 추론 능력도 발달시킬 수 있습니다. 질문 대화란 주 1회 정도 어린이 신문을 부모가 함께 보면서 아이의 머릿속 낱말 저장고를 두드려주는 질문을 하며 대화하는 방법입니다. 만일 달에 관한 기사를 보고 있다면 "달 착륙을 최초로 시도했던 사람은 누구지? 지난번 신문에서 봤던 것 같은데!"라고 아이에게 질문하는 것입니다. 아이가 "닐 암스트롱이요."라고 답하면 "닐 암스트롱은 어느 나라의 우주 비행사였지?", "그 나라는 지도에서 어디쯤에 있지?" 하는 식으로 질문을 이어가면 됩니다. 이처럼 하나의 기사와 관련된 여러 가지 질문들을 아이에게 던져줌으로써 아이가 자신이 가지고 있는 배경지식을 활용할 수 있도록 도와주는 것입니다.

• 본격적인 한자 학습하기

초등 3학년이 되면 교과목 수는 방대해지고, 그만큼 아이가 익혀야 할 개념은 늘어납니다. 그런데 사회와 과학 교과서에 나오는 개념은 대부분 한자어로 구성되어 있으며, 초등 중학년부터는 글자 수가 제법 많은 이야기책을 주로 읽게 됩니다. 아이가 자주 접하게 되는 한자어들은 국어사전을 활용해서 뜻을 알아보되, 해당 단어의 한자 뜻도 함께 학습하는 것이 도움이 됩니다. 그래야만 해당 단어가 왜 그런 의미로 쓰이는지를 아이들이 쉽게 이해할 수 있기 때문이죠. 또한 새로 알게 된 단어는 아이의 어휘 공책에 차곡차곡 정리하도록 해야 하며, 그 단어 옆에 해당 한자를 함께 쓰도록 지도하는

어휘 공책 정리법

단어	한자	뜻
수록	收(거둘 수) 錄(기록할 록)	모아서 기록하다
심술	心(마음 심) 術(꾀 술)	온당하지 않게 고집부리는 마음

것이 좋습니다.

여기서 한자를 좀 더 재미있게 공부하려면 공책에 적힌 한자를 활용해 끝말잇기 게임을 하는 것도 좋고, 특정 한자를 지목해서 그 한자로 시작하는 단어 찾기 게임을 해보는 것도 좋은 방법입니다. 예를 들어 끝말잇기의 경우, 만일 '체육(體育)'이라는 단어로 게임을 시작했다면 다음 단어는 '육'으로 시작하되, 반드시 한자 '육(育)'으로 시작하는 단어를 이어서 말하도록 하면 됩니다.

특정 한자로 시작하는 단어찾기의 경우, '육(育)'을 지목했다면 이 한자로 시작하는 단어를 국어사전이나 아이의 어휘 공책에서 찾아보는 것입니다. 초등 아이들은 게임이나 놀이를 활용해 공부하기를 좋아하죠. 그러므로 게임을 활용해 한자 공부를 하면서 새롭게 알게 된 단어를 또다시 공책에 정리하는 식으로 학습하면 아이가 어휘력을 기르는 데 많은 도움이 됩니다.

이런 식의 공책 정리와 한자 말놀이는 아이가 새로운 단어를 접했을 때 자신이 알고 있는 한자어를 통해 단어의 뜻을 유추하며 생각할 수 있는 힘을 길러줍니다. 공부 기초 체력은 글에 나온 모든 단어를 완벽히 파악해야만 길러지는 것이 아닙니다. 새로운 어휘를 봤을 때 당황하지 않고 그 뜻을 짐작하며 글을 읽으려 노력할 때도 길러지죠. 한자 학습은 이런 추론 능력을 기르는 데도 도움이 됩니다. 따라서 주입식으로 교육하기보다는 게임을 통해 아이가 재미있게 한자를 공부할 수 있도록 도와줘야 합니다.

• 연상 학습하기

초등 3학년은 아이의 어휘력이 폭발적으로 증가하는 시기이므로 단어와 관련된 여러 연상 학습을 통해 많은 단어를 익히는 것이 매우 중요합니다. 이때부터 단어 학습을 꾸준히 한 아이와 그렇지 못한 아이는 초등 고학년이 되었을 때 사용하는 어휘의 양이나 어휘 구사 능력에 있어서 현저히 차이가 날 수밖에 없습니다.

연상 학습은 크게 '주제 연상 학습'과 '유의어·반의어 연상 학습'으로 나눌 수 있습니다. 주제 연상 학습 방법은 간단합니다. 예를 들어 '여름' 하면 떠오르는 단어를 적는 것입니다. 마찬가지로 '과학 교과를 떠올렸을 때 생각나는 단어 적기'와 같이 교과 개념 학습에도 적용해볼 수 있습니다. 이 또한 아이들이 좋아하는 게임 형식으로도 진행할 수 있죠. 연상 학습 게임을 통해 아이의 어휘력 수준을 파악해볼 수도 있습니다.

혹은 '여름' 하면 떠오르는 단어를 1분 동안 적는 게임도 해볼 수 있습니다. 제한된 시간 동안 아이가 몇 개의 단어를 떠올릴 수 있는지 확인함으로써 아이의 현재 어휘 수준을 파악할 수가 있죠. 이외에도 어떤 단어와 비슷한 표현은 무엇이 있을지 적어보는 유의어 연상 학습도 있는데, 부모와 아이가 서로 한 가지씩 유의어를 말하는 식으로 활동을 진행해도 좋습니다.

그런데 만약 아이가 적은 단어들이 초등 중학년 수준에 못 미치는 것들만 가득하다면 어휘력 기르기에 좀 더 많은 시간을 할애해야 합니다. 어휘력은 아이의 공부 기초 체력을 심화하는 데 기본 바탕이 되기 때문입니다. 특히 꾸준한 연상 학습을 통해 어휘력이 늘어나면 아이가 글의 맥락이나 주제를 파악하는 데 도움이 됩니다.

예를 들어 아이가 읽고 있는 글 속에 '수박', '더위', '부채' 등과 같은 단어가 있다면 아이는 '아, 이 글은 여름과 관련된 글이겠구나.' 하며 이어질 내용을 예측할 수가 있죠. 글의 맥락이나 주제를 파악하는 능동적인 글 읽기는 아이가 다양한 어휘를 알수록 쉽게 이루어지므로 가정에서 최소 주 2회 정도는 연상 학습을 하는 것이 좋습니다.

🔦 중학년이 반드시 익혀야 할 글쓰기

• 독서록 정리하기

초등 3학년부터는 독서록을 정리하는 습관을 들이는 것이 좋습니다. 글을 읽을 때 와닿았던 문장이나 재미있었던 내용을 제때 글로써 정리해놓지 않으면 금방 기억에서 사라져버리기 때문이죠. 책을 읽고 난 뒤 독서록을 잘 정리해놓으면 초등 고학년이 된 이후에도 글쓰기를 할 때 유용하게 활용할 수 있습니다.

한 문장으로 정리하기

한 문장 정리는 그날 읽은 내용이나 글을 읽고 난 뒤 느낀 점을 단 한 문장으로민 나다내는 방법입니다. 초등 3학년부터는 제법 두께가 있는 책을 읽게 되는데, 글 내용을 정리해놓지 않으면 며칠 뒤 책을 다시 읽을 때 앞부분의 내용을 제대로 떠올리지 못합니다. 그렇기에 매일 읽은 분량만큼을 한 문장으로 정리하는 습관을 들여야 합니다.

그리고 한 학기가 끝날 때 자신이 정리했던 문장을 다시 한번 읽어보는 것이죠. 읽다 보면 술술 읽히는 문장도 있겠지만, 그와 관련된 책 내용이 떠오르지 않는 문장이 있을 수도 있습니다. 그럴 때는 아이가 다음 학기에 다시 한번 책을 읽으며 내용을 제대로 이해하고 넘어갈 수 있도록 지도해야 합니다.

한 문장 정리를 꾸준히 하면 긴 호흡의 글을 읽을 때 글의 핵심과 주제를 파악하는 데 도움이 됩니다.

날짜	책 이름	한 문장 정리
5/1	투발루에게 수영을 가르칠걸 그랬어!	넓은 바다 한복판, 아홉 개의 작은 섬으로 이루어진 나라 투발루에 로자와 고양이 투발루가 살았어.
5/2	헬렌 켈러	태어난 지 열아홉 달밖에 되지 않은 아이가 열병을 앓았다는 게 몹시 안타깝다.

독서 일기 쓰기

독서 일기는 책 속 인물 혹은 저자의 입장이 되어 일기를 써보는 방법입니다. 새로운 지식을 습득할 수 있는 책의 경우에는 앞서 설명한 한 문장 정리 독서록을 활용하고, 동화책이나 소설 등의 문학 작품을 읽을 때는 독서 일기 쓰기를 활용하여 독서록을 정리하는 것이 좋습니다.

독서 일기 쓰기의 장점은 작품 속 여러 인물의 입장이 되어봄으로써 하나의 상황을 다양한 시선으로 바라볼 수 있다는 것입니다. 이를 통해 좀 더 넓은 시각으로 이야기의 전개 상황을 살피며 융통성을 기를 수 있게 됩니다. 예를 들어 『신데렐라』를 읽고 난 뒤 신데렐라의 입장에서만 독서록을 정리한다면 계모와 언니들은 나쁜 사람이 되고, 신데렐라는 불쌍한 사람이 됩니다. 그러면 아이는 계모와 언니들을 부정적으로만 인식하게 되죠.

하지만 신데렐라의 언니들 중 한 사람의 입장에서 독서 일기를 쓴다면 어떻게 될까요? 먼저 자신이 왜 그토록 신데렐라를 미워하고 못살게 굴 수밖에 없었는지에 대한 이유를 쓸 것입니다. 그러면서 아이는 자신이 누군가에게 질투를 느껴 이유 없이 괴롭히거나 트집 잡았던 경험을 떠올려볼 수 있고, 신데렐라의 언니에게 감정 이입을 해볼 수 있습니다. 이처럼 다양한 인물의 입장에서 글을 써보면 문학 작품을 읽을 때 주인공은 무조건 착하고 그를 괴롭히는 주변 인물은 무조건 나쁘다는 식의 이분법적 사고에서 벗어날 수 있습니다. 또한 주어진 상황에서 그 인물이 왜 그렇게 행동할 수밖에 없었는지에 대한 내면적인 원인까지 파헤칠 수 있습니다.

독서 일기 쓰기 예시

○월 ○일 『마당을 나온 암탉』의 족제비가 돼서 일기를 쓴다면?
나는 오늘도 갓 태어난 새끼들을 위해 먹을거리를 찾아다녀야만 한다.
잎싹이 때문에 한쪽 눈을 다쳐서 먹이를 구하는 게 더 어렵고 힘들어졌다.
날씨도 점점 더 추워져서 먹을 게 없지만 그냥 돌아가면 울고 있을 새끼들에게
젖을 줄 수 없어서 어떻게든 여기저기 돌아다녀야만 한다.
잎싹이에게는 미안하지만, 우리 아이들을 위해서라면 초록이나 초록이 친구들도
나는 무엇이든 먹을 것이다. 누군가는 나를 나쁘다고 말하고, 잔인하다고 할지 몰라도
난 이렇게 해서라도 우리 아이들을 꼭 살려낼 것이다.

• 가족 신문 만들기

가족 신문 만들기는 글쓰기와 더불어 글에 알맞은 사진, 도표, 그래프 등의 자료를 활용해야 하는 활동이기에 글의 주제에 알맞은 자료를 인터넷에서 스스로 찾아보고 선택하는 능력을 신장시키는 데 도움이 됩니다. 이 활동은 월 1~2회 정도 하는 것을 추천하며, 아이가 3학년이 된 이후 어린이 신문을 읽게 된 시기부터 시작하는 것이 좋습니다. 가족 신문 만들기를 하면 아이는 신문의 구성, 축약된 글에 내포된 의미, 글의 객관성을 높여주기 위한 자료 활용법 등을 알 수 있게 되고, 이를 통해 읽기와 쓰기에 필요한 생각하는 힘을 기를 수 있습니다.

가족 신문을 만드는 방법은 다음과 같습니다. 가족 간의 협의를 통해 주제를 선정하고, 그 주제와 관련된 글과 제목, 자료 수집 등을 적절히 분담하여 하나의 신문을 완성하면 됩니다. 예를 들어 '10월에 가족 여행 가고 싶은 지역 조사하기'를 주제로 선정한다면 어떤 지역을 여행하고 싶은지 먼저 정한 뒤, 그 지역과 관련된 신문 제목을 만듭니다. 그 후에는 역할을 나눠서 해당 지역의 맛집, 관광 명소 등의 정보를 수집하고 마감일을 정해 글을 쓰면 됩니다.

이렇게 해서 하나의 신문이 완성되었다면 그 연장선상에서 가족 평가 글쓰기를 진행하거나 대화를 나누도록 합니다. 가족 평가 글쓰기란 완성된 신문을 보고 난 뒤 자신을 제외한 가족 구성원이 쓴 기사에서 몰랐던 단어나 문장을 찾아보고, 좋은 문장과 적절한 자료 등을 정리해보는 방법입니다. 이때 새롭게 알게 된 단어와 문장을 활용해서 다음 기사를 작성할 수 있으며, 이를 통해 아이는 자료 활용 능력을 키울 수 있습니다.

이외에도 가족 신문 만들기를 꾸준히 하다 보면 설명문, 논설문 등과 같은 글의 종류도 파악할 수 있게 되고 글을 비판적으로 읽는 능력도 기를 수 있습니다. 또한 공부 기초 체력에 필요한 사고력을 확장하는 데도 도움이 됩니다. 이 활동은 작문을 어려워하는 아이들에게 글쓰기의 재미를 알려줄 수 있습니다. 유독 글쓰기를 부담스러워하거나 힘들어하는 아이가 있다면 더더욱 가정에서 가족 신문 만들기를 함께하는 것이 좋습니다.

다음은 가족 신문 만들기와 가족 평가 글쓰기 방법입니다.

가족 신문 만들기 방법

1. 주제 정하기

2. 주제에 알맞은 제목 정하기

3. 글쓰기 역할 분담하기

4. 마감 날짜까지 적절한 자료를 활용하여 각자 맡은 기사 쓰기

5. 기록한 내용을 모아 배치 순서를 정한 뒤 가족 신문 완성하기

6. 순서대로 나와서 자신의 기사문 낭독하기

   (이때 자신이 활용한 자료 소개 및 그 자료가 기사문에 꼭 들어가야 했던 이유 등을 구체적으로 알려주는 연습을 하도록 합니다. 또한 어려웠던 단어와 이

해되지 않은 문장이 있다면 한 사람씩 기사문 낭독이 끝날 때마다 바로 질문해서 글 내용을 완벽하게 이해하도록 합니다.)

7. 모든 가족의 기사문 낭독이 끝났다면 가족 평가 글쓰기를 통해 가족 신문 만들기 활동을 마무리합니다.

가족 평가 글쓰기 예시 문항

아빠	엄마
• 아빠의 기사를 통해 내가 알게 된 단어와 문장은? • 아빠 기사문 중 좋았던 문장(이유도 적기) • 아빠의 자료 중 좋았던 부분(이유도 적기) • 만일 나라면 이 기사를 어떻게 썼을까? (비판적 평가)	• 엄마의 기사를 통해 내가 알게 된 단어와 문장은? • 엄마 기사문 중 좋았던 문장(이유도 적기) • 엄마의 자료 중 좋았던 부분(이유도 적기) • 만일 나라면 이 기사를 어떻게 썼을까? (비판적 평가)

📖 정서 ▶ 부모에게 속마음을 털어놓을 수 있도록

초등 3학년이 되면 교과목뿐만 아니라 수업 시간도 6교시까지 늘어나 아이가 매우 지치게 됩니다. 그래서 이 시기에는 아이가 부모에게 허심탄회하게 속마음을 털어놓을 수 있도록 아이의 이야기를 귀담아들어주는 부모가 되어야 합니다. 특히 사춘기가 일찍 오는 아이들은 초등 중학년부터 예민해지고 신경질적으로 변하는데, 그럴 땐 아이에게 학습과 관련된 지시를 하기보다는 아이의 이야기를 들어주고 아이를 존중하도록 노력해야 합니다. 매번 다른 아이와 비교하며 이런저런 지시를 하거나, 쉬워 보이는 문제를 아이가 해결하지 못했을 때 윽박지르게 된다면 아이는 점점 부모에게 마음의 문을 닫게 되겠죠. 그리고 부모와의 소통의 부재 역시 아이의 학습에 부정적인 영향을 미칩니다.

예를 들어 아이가 글을 읽는 동안 이해가 되지 않는 부분이 생겼다고 가성해봅시다. 매번 부모에 혼이 났던 아이는 모르는 부분이 생겨도 부모에게 물어볼 생각을 하지 않고 '이 부분을 모른다고 하면 또 혼나겠지?'라는 걱정부터 하게 되죠. 이런 생각을 반복적으로 하게 되면 공부에 대한 부정적인 감정이 자라나 결국 책 읽기와 교과서 공부를 점점 멀리하게 될 수밖에 없습니다.

글을 읽고 이해한 뒤 적절하게 활용한다는 것은 단순히 책을 많이 읽고 교과서 공부를 열심히 하는 인지적인 측면만을 의미하는 것이 아닙니다. 아이가 공부 기초 체력을 잘 형성하도록 하려면 학습을 강요하기 이전에 아이의 말을 잘 들어줘야 하며, 아이가 고민을 털어놓을 수 있는 유일한 사람이 부모라는 생각을 할 수 있도록 만들어줘야 합니다. 부모로부터 받은 공감과 정서적 위로는 아이에게 용기를 북돋아주며, 다시 한번 공부해봐야겠다는 원동력이 되어주기 때문입니다. 이때 부모는 아이가 해낼 수 있는 수준부터 다시 시작하도록 아이와 이야기를 나누면서 아이가 작은 성취감을 맛볼 수 있게 도와주면 됩니다.

학습은 감정과 밀접하게 연결되어 있으므로 학업 문제나 교우 관계 등으로 아이가 힘들어할 때마다 다독여주는 사람이 부모라면 아이는 정서적 안정감을 얻을 수 있고, 공부의 끈을 놓지 않을 수 있습니다. 다음과 같은 방법으로 아이와 긍정적인 정서적 교류를 할 수 있습니다.

🔍 속마음 편지 쓰기

속마음 편지 쓰기는 글쓰기와도 연계된 활동입니다. 이 활동의 가장 큰 장점은 부모와 아이가 평소 서로에게 하고 싶었던 말을 글쓰기를 통해 할 수 있다는 점입니다. 매주 편지로써 속마음을 주고받으면 아이와 부모가 긍정적인 정서적 교류를 할 수 있습니다.

아이들은 부모가 자신을 어떻게 생각하는지 잘 모르겠다거나 혹은 부모로부터 사랑받지 못한다고 느끼면 그 생각이 학교생활에까지 영향을 미칩니다. 그래서 정서적으로 안정적이지 못한 아이는 친구들에게 관심받는 데 집착하며 사랑을 확인받고 싶어 합니다. 그런데 만약 친구들의 관심과 사랑이 자신이 생각한 것보다 작다고 느끼면 아이는 모난 행동을 하거나 주눅이 들고 맙니다.

특히 공부에 어려움을 겪고 있는 아이라면 더더욱 그럴 수 있습니다. 정서적 좌절감은 아이가 스스로 공부를 해낼 수 없다고 생각하도록 만들기 때문입니다.

속마음 편지는 이런 아이들에게 정서적 안정감을 주는 데 매우 효과적입니다. 자신을 긍정적으로 생각해주는 부모의 속마음이 담긴 편지를 읽으면 부모가 자신을 얼마나 사랑하는지 느낄 수 있기 때문입니다.

다만 주의할 점이 하나 있습니다. 속마음 편지를 쓸 때는 부모가 아이에게 바라는 점보다는 아이에게 고마웠던 점이나 칭찬 위주로 시작해야 한다는 것입니다.

예를 들어 부모가 아이에게 '○○이가 방 청소를 잘하니까 엄마를 자주 도와줬으면 좋겠어.'라고 부탁하는 것이 아니라 '우리 ○○이가 스스로 방 청소를 했구나. 기특하네.' 혹은 '우리 ○○이가 스스로 청소를 해서 엄마의 일손이 줄었구나. 고마워.'와 같이 칭찬과 함께 고마운 마음을 표현하면 됩니다.

이 활동은 부모가 아이를 생각하는 마음, 아이가 긍정적으로 변하고 있는 모습, 아이 덕분에 행복했던 경험 등을 아이가 충분히 알 수 있도록 편지를 활용하는 것입니다. 부모가 아이에 대한 속마음을 구체적으로 표현할수록 아이는 부모가 적은 글을 통해 글 쓰는 법과 다양한 어휘를 자연스럽게 터득할 수 있습니다.

또한 아이가 쓴 속마음 편지를 통해 현재 아이가 알고 있는 것과 생각하는 것 등을 확인힐 수 있다는 장점도 있습니다. 하지만 아직 읽기를 잘하지 못하는 아이들은 이런 글쓰기가 두렵고 어렵기만 합니다. 그런 아이일수록 독서와 함께 속마음 편지 쓰기를 꾸준히

속마음 편지 쓰기 예시

엄마가 자은이에게	자은이가 엄마에게
③월 2일	엄마, 오늘 아침에
자은아, 오늘 첫 들었었는데	맛있는 토스트 만들어
엄마가 깨우지 않아도 일찍	줘서 고마워요.
일어나서 가방 정리해서 고마워.	
③월 3일	
자은아, 엄마가 오늘 회사일이 많아서	엄마, 오늘 책 같이
힘들었는데 거실 청소를 싹 해서	읽어 줘서 고마워요.
고마워. 덕분에 엄마가 쉴 수 있었어.	
사랑해	
3월 4일	
자은아, 책 내용이 이해하기 어려웠을텐데	엄마, 오늘 내 이야기
30분동안 끝까지 읽는 모습이 무척	잘 들어줘서 고마워요.
기특했어. 우리 자은가 엄마 딸로	사랑해요.
태어나 줘서 고마워.	

해야 합니다. 그러다 보면 읽기와 쓰기 또한 차츰차츰 거부감 없이 받아들일 수 있게 되고 공부 기초 체력을 탄탄히 쌓아갈 수 있습니다. 이처럼 속마음 편지는 아이의 글쓰기 실력을 향상할 수 있으면서도 부모와 아이의 사이를 돈독하게 만들어주는 일석이조 활동입니다.

🔍 성장 과정을 통해 마음 표현하기

성장 과정을 통해 마음 표현하기는 자존감이 낮은 아이들에게 더욱 필요한 활동입니다. 자존감이 낮은 아이들은 자기 자신이 사랑받을 가치가 없다고 판단하는데, 그런 아이일수록 부모에게 있어서 자신이 얼마나 소중한 존재인지를 알려줘야 합니다. 성장 과정을 통해 마음 표현하기 활동은 아이가 태어난 순간부터 지금까지의 성장 과정이 담긴 사진을 매일 1~2장씩 아이와 함께 보며 이야기를 나누는 것입니다. 즉, 이 활동을 하기 위해서는 아이의 성장 과정 사진이 필요합니다.

만약 아이가 어렸을 적 울고 있는 사진을 아이와 함께 본다면 아이에게 무엇 때문에 울고 있었을지 상상해보라고 말합니다. 아이의 이야기를 들은 후에는 그날 아이가 무엇 때문에 울었는지, 그때 부모의 마음은 어땠는지 등을 아이에게 말해주면 됩니다. 다음 예시를 참고해봅시다.

👩 오늘은 ○○이의 2살 때 사진을 1장 꺼내서 이야기해볼까?

👧 엄마, 여기는 어디에요? 제가 서럽게 울고 있는 모습이네요,

👩 이곳이 어디인지, ○○이가 왜 울고 있는지 생각해볼래?

👧 제가 한복을 입고 있네요, 사진관에서 사진 찍기 싫어서 울었을 것 같아요,

👩 맞아, 저 날은 엄마와 아빠가 너의 첫 생일을 기념하기 위해 사진관에 데려갔던 날이

야, 멋진 사진을 남기고 싶었는데 주변에 사진 찍는 이모, 삼촌이 있어서, 낯가림이 심했던 네가 얼마나 많이 울었는지 몰라. 결국 사진 찍는 걸 중단하고 이모, 삼촌이 장난감으로 많이 놀아줬었지. 그 덕분에 네 마음이 편해졌는지 그다음 사진부터는 정말 예쁘게 잘 웃었어. 바로 이 사진들이야. 한번 봐보렴.

👧 정말 표정이 달라졌어요.

👩 그렇지. 이때는 우리 ○○이가 언제 커서 엄마와 도란도란 이야기하나 싶었는데 이렇게 어릴 적 사진을 함께 보면서 대화를 나누니까 정말 좋구나.

아이는 어렸을 적 자신의 모습을 잘 기억하지 못합니다. 그렇기에 사진을 보면서 과거 자신의 상황을 추측해볼 수 있고 이는 사고력을 키우는 데도 도움이 됩니다.

위의 대화 예시처럼 매일 10분씩이라도 아이와 함께 사진을 들여다보면서 부모가 아이를 얼마나 사랑하고 있는지 마음을 표현한다면 아이의 자존감이 쑥쑥 자라나는 데 매우 긍정적인 도움이 될 수 있습니다. 그럼으로써 아이는 자신이 사랑받을 가치가 있는 사람이라는 걸 깨닫게 되고, 조금씩 성취욕도 발휘하게 될 것입니다. 이렇듯 학습에 대한 열정이 생기면 공부를 하다가 막히는 부분이 생겼을 때도 주저하지 않고 부모와 함께 해결하려는 의욕을 가질 수 있게 됩니다.

📖 환경 ▶ 집중해서 정독할 수 있도록

본격적으로 공부에 집중력이 필요한 시기도 초등 3학년 이후부터입니다. 이 시기부터는 글의 의미를 정확하게 파악하는 독해 과정이 중요해집니다. 특히 초등 저학년 때와는 다르게 내용이 다양한 글을 접하게 되기 때문에 이때부터는 의자에 앉아 글을 정독하며 읽는 습관을 길러야 합니다. 정독이란 글을 한 문장 한 문장 집중해서 읽는 과정이므로 그만큼 높은 집중력을 요합니다. 똑같이 30분 동안 의자에 앉아서 책을 읽더라도 주어진 시간 동안 글을 정독한 아이와 그렇지 못한 아이에게는 격차가 생기기 마련입니다. 이런 격차는 아이의 공부 기초 체력에도 영향을 미치게 되죠. 따라서 초등 3학년부터는 아이가 집중력을 키울 수 있도록 다음과 같은 환경을 조성해야 합니다.

🔑 시선이 분산되지 않는 공간

첫째로 아이의 시선이 분산되지 않도록 공간을 구성해야 합니다. 이 시기의 아이들은 시간을 들여서라도 호흡이 긴 문장을 스스로 읽고 이해하면서 성취감을 자주 경험해봐야 합니다. 그런데 아무리 오랜 시간 책을 읽는다 해도 아이의 집중력을 흩트리는 물건들이 주변에 놓여 있다면 아이의 시선은 자연스레 그 물건으로 향하게 됩니다. 특히 글을 읽을 때 이해가 잘 안 되는 부분을 맞닥뜨리게 되면 더더욱 이런 시각적 유혹을 떨치기가 어렵습니다.

자꾸만 다른 물건으로 시선이 분산되고 그 물건에 손이 간다면 글 읽기의 흐름이 끊겨 내용이 제대로 파악되지 않을 뿐만 아니라 진득하게 글을 읽어내는 힘도 기를 수 없습니다. 따라서 초등 중학년 시기부터는 아이가 공부하거나 책을 읽는 공간에는 스마트폰이나 게임기처럼 아이의 흥미를 불러일으킬 만한 물건은 되도록 두지 않는 것이 좋습니다. 학습을 위한 환경을 조성했음에도 불구하고 아이가 오랜 시간 의자에 앉아 있지 못한다면 타이머를 놔두는 것도 좋은 방법입니다.

공부 기초 체력은 아이가 스스로 여러 책을 접하면서 책 속의 지식과 정보를 이해하고 받아들이는 과정에서 더욱 탄탄해집니다. 아이가 학습하는 공부방은 말 그대로 '학습'을 위한 공간이므로 교과서, 문제집, 책, 학용품 등을 놔두고, '놀이'가 될 만한 물건들은 과감히 치우는 것이 좋습니다.

🔦 전자기기 사용 규칙 정하기

핸드폰에 많은 시간을 할애하다 보면 그만큼 책 읽는 시간이 줄어들게 됩니다. 글을 읽지 않으면 집중력을 기를 수 없게 되고, 공부 기초 체력 또한 기를 수가 없죠. 특히 글을 읽을 때 스스로 생각하고 비판하는 힘이 길러지는데, 전자기기는 아이가 생각할 시간을 주지 않을 뿐만 아니라 오히려 생각하는 것을 방해합니다. 그렇기에 아이가 핸드폰을 가지고 있다면 가족과 함께 상의해서 가족만의 핸드폰 사용 규칙을 정해놓는 것이 좋습니다. 최소 하루에 1시간 정도는 핸드폰을 보지 않고 종이책을 충분히 읽을 수 있도록 하는 것입니다.

가족끼리 전자기기 규칙을 정할 때는 부모가 일방적으로 규칙을 정해서 아이에게 통보하는 것이 아니라 아이와 함께 의논해서 시간대를 정해야 합니다. 그리고 정해진 시간에는 아이뿐만 아니라 부모 역시 핸드폰을 사용하지 않고 독서를 하거나 자기 계발하는 모습을 보여주는 것이 좋습니다. 이러한 모습을 부모가 먼저 보여주면 아이에게는 그 자체만으로도 모방 학습이 됩니다. 집중을 잘하지 못하는 아이들도 책을 읽는 부모님의 모습을 보면서 읽기에 집중하는 법을 조금씩 배울 수 있습니다.

또한 정해놓은 시간을 알차게 활용하기 위해선 그 시간이 오기 전에 미리 자신이 해야 할 일을 적어두는 것이 좋습니다. 예를 들어 전자기기 사용 금지 시간을 저녁 8시부터 9시까지로 정해놓았다면 오전이나 이른 오후에 가족이 함께 볼 수 있는 공간에 각자의 할 일을 적어두는 것입니다. 자신이 할 일을 미리 적어두지 않으면 아이는 그 시간이 닥치고 나서야 읽을 책을 찾거나, 겨우 책을 찾더라도 집중하지 못하고 계속해서 이 책 저 책 수시로 바꿔 읽게 됩니다.

이런 행동은 곧 아이가 집중하지 못하고 있다는 의미입니다. 그러므로 아이가 읽을 책을 미리 정해서 그 시간에는 오로지 그 책만 읽으며 책 속의 이야기에 흠뻑 빠지는 경험을 자주 맛볼 수 있도록 지도해야 합니다.

1시간 동안 책을 읽었다면 그날 읽은 책의 내용을 한 줄로 요약 정리하거나 가장 인상 깊었던 문장을 가족에게 말하며 활동을 마무리하는 것이 좋습니다. 읽기를 통한 공부 기초 체력은 결코 저절로 생기지 않습니다. 글을 많이 읽고 제대로 이해하는 과정을 반드시 거쳐야 하며, 이러한 환경을 만들기 위해 가족들이 의식적으로 노력해야 합니다.

요즘 초등 3학년 이후부터는 반 학생 중 절반이 넘는 아이들이 핸드폰을 가지고 있습니다. 하지만 적어도 이 시기부터는 매일 1시간씩이라도 온 가족이 함께 독서하는 시간을 확보해야 합니다. 그래야만 아이의 공부 기초 체력도 다져나갈 수 있습니다.

초등 5~6학년, 읽기 능력을 완성하는 시기

📖 학습 ▶ 스스로 읽고 생각하고 이해하는 법

초등 5~6학년은 공부 기초 체력을 완성하는 시기로서 학교 도서관에 있는 제법 두꺼운 책을 완독할 줄 알아야 합니다. 또한 한 권의 책을 읽고 난 후 핵심 내용을 간단히 글로 요약하거나 그래프, 표, 도표 등의 보조 자료를 활용해 적절히 표현해낼 줄 알아야 합니다. 그 외에도 글을 읽을 때 수동적으로 읽기만 하는 것이 아니라 읽기 전략을 활용해서 효율적으로 읽을 줄도 알아야 합니다. 읽기 전략이란 국어 교과서에서 배운 읽기 방법 중 자신에게 알맞은 방법을 선택해 읽는 것을 의미합니다. 책을 천천히 정독하며 읽을지 아니면 훑어 읽기 방법으로 빠르게 읽어나갈지 등이 그 예입니다.

또한 초등 고학년이 되면 글을 읽을 때 다양한 교과 영역의 배경지식을 떠올리며 글 내용을 깊이 이해하고, 알맞게 해석할 줄 알아야만 합니다. 초등 5~6학년 시기에는 부족한 교과 공부를 하면서 공부 기초 체력을 완성시키기 위해 다음과 같은 학습 방법을 활용하는 것이 좋습니다.

🔍 교과서, 어떻게 읽어야 하나요?

• 3~6학년 교과 복습

초등 고학년은 중학교에 올라가기 전, 부족한 교과 공부에 집중해야 하는 시기입니다. 공부 기초 체력을 완성하기 위한 효율적인 복습 방법은 크게 2가지가 있습니다.

단원 복습법

단원 복습법은 그동안 배운 모든 교과서의 단원들을 살펴보고, 3~5학년 때 배운 내용과 관련된 부분이 있다면 그 단원명을 다시 적어보는 복습 방법입니다. 모든 교과가 부담된다면 국어, 수학, 사회, 과학 교과만이라도 단원 복습을 해야 합니다. 예를 들어 6학년 1학기 국어 교과서 1단원이 '토론'과 관련된 단원이라면 3~5학년 국어 교과서 중 토론과 관련된 단원명을 해당 단원명 밑에 적으면 됩니다. 이 복습법을 처음 시작할 때 아이가 어려워한다면 부모가 함께 교과서를 살펴보면서 도와줘야 합니다.

이렇게 단원명을 적는 이유는 제대로 알지 못했던 부분이 어디인지 체크하고 그 내용을 다시 한번 차근차근 공부해나가기 위함입니다. 현재 아이가 유독 어려워하는 부분이 있다면 그 이유는 이전 단계에서 기초 학습을 제대로 하지 못한 채 넘어갔기 때문입니다. 그래서 단원 복습법을 통해 어렵게 느껴지는 부분이 이전에는 어떤 흐름으로 구성되어 있었는지를 파악할 수 있고, 기초부터 다시 차근차근 공부할 수 있습니다.

공부 기초 체력을 완성하려면 분량이 많은 책을 어려워하는 아이는 그보다 쉬운 그림책을 먼저 읽고, 쉬운 그림책조차도 잘 이해하지 못하거나 읽지 못하는 아이는 다시 읽기의 기초부터 시작해야 하죠. 단원 복습법도 이와 같은 원리입니다. 학년으로는 고학년이더라도 어려운 부분이 있다면 중학년, 저학년 내용을 다시 살펴봐야 합니다. 이렇게 기초부터 다시 쌓아야만 점점 심화되는 학습 과정을 잘 받아들일 수 있습니다.

단원 복습법을 잘 활용하기 위해 초등 3학년 때부터는 교과서를 버리지 말고 잘 간직해야 합니다. 그래야만 교과서를 직접 보며 유사한 내용을 쉽게 확인할 수 있고, 모든 교과 내용이 이전에 배운 내용과 밀접한 연관이 있다는 사실을 파악할 수 있습니다.

단원 복습법 예시_초등 5학년 2학기 수학

단원	이전 학년에서 배운 내용
1. 수의 범위와 어림하기	3학년 2학기 5. 들이와 무게 4학년 1학기 1. 큰 수
2. 분수의 곱셈	2학년 1학기 6. 곱셈 3학년 2학기 4. 분수
3. 합동과 대칭	4학년 1학기 4. 평면 도형의 이동
4. 소수의 곱셈	4학년 2학기 3. 소수의 덧셈과 뺄셈 5학년 2학기 2. 분수의 곱셈
5. 직육면체	3학년 1학기 2. 평면 도형 4학년 2학기 4. 사각형
6. 평균과 가능성	4학년 1학기 5. 막대그래프 4학년 2학기 5. 꺾은선 그래프

글의 종류&전개 방식 복습법

초등 고학년부터는 중학년 때 읽은 것에 비해 훨씬 더 긴 호흡의 글과 두꺼운 책을 접하게 됩니다. 그런 글을 읽을 때 핵심 문장이나 주제를 제대로 파악하기 위해선 아이가 읽기 전략을 스스로 세울 줄 알아야 하고, 글의 종류&전개 방식 복습법은 읽기 전략을 세우는 데 도움을 줍니다.

초등 고학년이 되면 국어 시간에 설명문, 논설문, 기행문, 문학 작품 등 다양한 글의 종류를 배우게 됩니다. 그뿐만 아니라 지문을 살펴보며 글의 전개 방식이 시간 순서에 따른 것인지, 원인과 결과에 따른 정리인지, 분류 또는 분석의 흐름인지 구분하는 방법을 공부하게 되죠.

글의 종류와 전개 방식을 복습하는 법은 간단합니다. 초등 중학년 때 배운 지문들을 보면서 글의 종류와 전개 방식을 살펴보고 글로 정리해보는 것입니다.

만약 설명문으로 된 지문을 접했다면 두 대상을 비교하거나 대조하면서 설명하는지, 하나의 대상을 분류해서 설명하는지 등 초등 3학년 때 배운 내용을 생각하며 글을 읽으면 됩니다. 전개 방식이 기억나지 않는다면 3학년 국어 교과서를 살펴보며 전개 방식을 다시 공부하면 됩니다.

이렇게 이미 배웠던 지문을 다시 한번 정독하며 정리하다 보면 유사한 글의 전개 방식이 보이기 시작합니다. 그래서 앞으로 글을 읽을 때는 어떤 식으로 읽어야 내용을 제대로 이해할 수 있는지 분석하며 글을 읽을 수 있게 됩니다.

예를 들어 설명문인 지문을 읽을 때 아이는 설명문의 구조가 중심 문장과 뒷받침하는 문장으로 구성되어 있음을 떠올릴 수 있고, 중심 문장을 좀 더 천천히, 그리고 보다 꼼꼼히 읽게 됩니다. 이러한 복습 활동을 통해 자신만의 읽기 전략을 효율적으로 구사할 수 있게 됩니다.

글의 종류&전개 방식 복습법 예시

초등학교 5학년 1학기 국어 나. 9단원 지문 중

글의 종류: 설명문

설명 대상: 정보 무늬

정보 무늬의 다양한 특징을 설명하고 있다. ①.②.③.④

점과 선으로 만든 암호

최근 출판하는 책이나 광고, 알림판 따위에서 네모 모양의 표식을 자주 볼 수 있다. 네모 모양 안에 검은 선과 점을 배열했는데, 이것을 정보 무늬[QR 코드]라고 한다. 큐아르(QR)는 '빠른 응답'이라는 영어의 줄임 말이다.

① 정보 무늬는 여러 가지 정보를 확인할 수 있는 표식이다. 정보 무늬를 쓰기 전에는 막대 표시를 주로 썼다. 막대 표시는 숫자 20개를 저장할 수 있는 무늬로서 물건을 살 때 쉽게 계산할 수 있다. 그러나 정보 무늬는 숫자 7089개, 한글 1700자 정도를 저장할 수 있다. 또 정보 무늬는 일부를 지워도 사용할 수 있다. 정보 무늬의 세 귀퉁이에 위치를 지정하는 문양이 있기 때문이다. 이 문양이 있어 정보 무늬를 어느 각도에서 찍어도 내용을 확인할 수 있다.

② 정보 무늬는 스마트폰으로 사용할 수 있다. 스마트폰 응용 프로그램으로 정보 무늬를 찍으면 관련 내용이 있는 누리집으로 이동하거나, 관련 사진이나 동영상을 볼 수 있다. 또 정보 무늬에 색깔이나 신기한 그림을 넣어 만들기도 한다.

③ 정보 무늬는 여러 분야에서 활용한다. 백화점이나 할인점에서는 정보 무늬로 할인 정보를 제공한다. 신문 광고에 있는 정보 무늬를 찍으면 3차원으로 움직이는 광고가 나오기도 하고, 책에 있는 정보 무늬를 찍으면 등장인물이 뛰어나와 책의 정보와 줄거리를 알려 주기도 한다. 박물관이나 미술관에서는 자료나 작품을 더 알아볼 수 있도록 정보 무늬에 설명을 담아 제공하기도 한다.

④ 정보 무늬는 누구나 만들 수 있다. 예를 들어 개인 정보를 담은 명함을 만들 수도 있다. 명함에 있는 정보 무늬로 자신의 사진이나 동영상을 보여 주거나 이름이나 연락처를 자동으로 저장할 수 있다.

① 표식
  숫자 / 한글
  7089 / 1700자

② 스마트폰 (응용프로그램)
  누리집 사진 동영상
  만들기

③ 여러 분야
  백화점 신문광고 책 박물관
  할인정보 ↓ 줄거리 설명
  ↓ 움직이는
  정보제공 광고
④ 누구나 만들 수 ○
  명함 (사진, 연락처 ~)

위 예시처럼 교과서 지문 상단 위에 '설명문'이라고 적은 뒤, 어떤 흐름으로 구성되어 있는지 구체적으로 정리하면 됩니다.

🔍 수학적으로 생각하는 습관 만들기

초등 고학년 아이들에게 가장 어려운 교과를 꼽으라고 하면 단연 수학 교과라고 말할 것입니다. 특히 읽기가 어려워서 글의 의미를 잘 파악하지 못하는 아이들은 문장으로 되어 있는 수학 문제를 유독 어려워합니다. 예를 들어 초등 5학년 수학에서 '소수×소수' 문제를 풀 때, '3.7×1.1=?'과 같이 수식으로 되어 있는 문제는 쉽게 풀 수 있지만, '7월에 3.7kg이었던 강아지가 9월이 되니 몸무게의 0.1배가 늘어났습니다. 9월에 강아지의 몸무게는 몇 kg일까요?'와 같은 문장제 문제가 나오면 문제 자체를 이해하지 못합니다. 그래서 문제에 제시된 숫자 3.7과 0.1을 곱해버리는 오류를 범하게 되죠. 이런 경험이 계속 쌓여 초등 고학년 때 수학 교과를 포기하는 경우가 많습니다.

일찍이 수학을 포기하지 않으려면 일상에서 겪는 사소한 일까지도 수학적으로 생각하는 습관을 길러야 합니다. 특히 수학을 어려워하는 아이들은 수학 교과서뿐만 아니라 수학과 관련된 책도 자주 읽으면서 글 내용을 논리적으로 파악하고, 이해한 내용을 직접 수식으로 적어보는 식의 훈련을 해야 합니다.

다른 교과는 글 속에 담긴 개념과 관련된 배경지식을 떠올리며 글을 이해하면 되지만, 수학의 경우 자신이 이해한 내용을 숫자와 수식으로 표현할 줄 알아야 합니다. 그렇기에 읽기를 제대로 하지

초등 5학년 2학기 수학 1단원 '수의 범위와 어림하기' 문제 중

> Q. 슬기네 반 학생들이 이웃 돕기를 하려고 동전을 모았습니다. 모은 동전이 32,350원일 때 동전을 ①지폐로 바꾼다면 ②최대 얼마까지 바꿀 수 있는지 알아봅시다.
>
> → ①내가 이해한 내용: 지폐는 1,000원부터 시작하니까 10원, 50원, 100원, 500원은 안 됨
> → ②내가 이해한 내용: 동전을 없애야 하니까 '버림'을 해야 함

못하면 정답을 도출해낼 수 없습니다. 수학 관련 책을 읽거나 스토리텔링 문제를 접할 때마다 위의 예시처럼 문제에서 요구하는 것이 무엇이며 각각의 문장에서 도출해낼 수 있는 수학적 기호와 풀이는 무엇인지 밑줄을 그으며 정리하는 습관을 들여야 합니다.

🔑 교과 융합 공부법

앞서 언급했던 단원 복습법이 해당 교과와 관련된 내용만 적어보는 식이었다면, 교과 융합 공부법은 학년과 교과의 구분 없이 특정 주제와 관련된 모든 내용을 적어보는 것입니다. 다양한 교과 내용을 하나로 연결하는 작업을 해야 하므로 아이 스스로 주제에 대해 여러 관점으로 생각할 수 있고, 머릿속으로 그와 관련된 내용을

끊임없이 떠올려야 하므로 사고력 또한 기를 수 있습니다.

초등 6학년 2학기 국어 1단원에는 추사 김정희를 다룬 지문이 나옵니다. 추사 김정희를 주제로 교과 융합 공부를 한다면 국어, 수학, 사회, 과학, 미술 등의 교과서를 살펴보며 추사 김정희와 관련된 내용을 적으면 됩니다. 주제를 가운데에 쓴 뒤 교과 내용을 적는 것입니다. 이렇게 하면 배경지식을 한꺼번에 얻을 수 있어 해당 주제를 활용한 아이의 글쓰기에도 도움이 됩니다.

교과 융합 공부 예시

추사 김정희
국어: 추사 김정희의 추사체 알아보기
사회: 조선 후기 순조시대 알아보기, 추사 김정희 유적지의 지역적 특징 알아보기
미술: 추사 김정희의 작품 '세한도' 특징 살펴보기

🔍 읽기 능력을 완성하는 고학년 독서법

• 주제 중심 독서

주제 중심 독서는 하나의 주제를 정한 후, 그 주제에 알맞은 책을 청구 기호에 따라 고른 뒤 체계적으로 독서하며 주제와 관련된 배경지식을 형성하는 독서법입니다. 주제 중심 독서의 장점은 하나의 주제와 관련된 다양한 분야의 책을 읽음으로써 그 주제를 체계적으로 이해할 수 있다는 것입니다.

초등 고학년 아이들은 국어 시간에 도서 청구 기호를 배우게 됩니다. 이때 배운 청구 기호를 활용하면서 주제 중심 독서를 시작하면 국어 실력을 향상할 수 있고, 이는 교과 융합 교육에도 적극적으로 활용할 수 있습니다.

도서관에 가서 책을 빌릴 때 다음과 같은 청구 기호에 따라 책이 분류되어 있음을 확인할 수 있습니다. 이렇게 분류된 청구 기호만 머릿속에 잘 외워두고 있으면 자신이 원하는 분야의 책을 빠르게 찾을 수 있다는 장점이 있습니다.

도서 청구 기호

100	철학	200	종교	300	사회과학
400	자연과학	500	기술과학	600	예술
700	언어	800	문학	900	역사

예를 들어 '로마 문화'라는 주제로 독서하게 된다면 100번대에서 로마 시대의 철학가나 그들의 명언 등을 찾아볼 수 있습니다. 200번대에서는 로마 시대의 종교를 알아볼 수 있으며, 600번대에서는 로마 시대의 예술 작품에 대해 알아볼 수 있습니다. 로마 문화를 알아보기 위해 단순히 600번대 예술 분야의 책만 읽은 아이보다 다양한 분야의 책을 접한 아이가 훨씬 더 많은 내용을 흡수할 수 있고, 이를 배경지식으로 활용할 수 있죠.

처음에는 여러 분야의 책을 고르는 게 어려울 수 있으니 가장 쉬운 주제부터 정한 뒤에 부모와 아이가 함께 도서관에 가서 책을 골라보는 것이 좋습니다. 만약 부모가 100번, 300번, 900번대에서 주제와 관련된 책을 골랐다면 아이는 200번, 600번, 700번대에서 책을 고르면 됩니다. 각자 책을 읽고 난 뒤 함께 모여서 자신이 읽은 책에 관한 이야기를 나누다 보면 자신이 읽지 않은 분야의 이야기까지 한꺼번에 들을 수 있습니다. 아이가 청구 기호를 이해하고 이런 주제 중심 독서가 점점 습관화된다면 나중에는 아이 스스로 청구 기호에 따라 책을 골라보는 연습을 할 수 있습니다.

다만 처음부터 너무 많은 책으로 활동을 진행하면 아이가 부담을 느낄 수 있으니 처음에는 각자 1권씩만 골라 이야기를 나누고, 차츰 아이가 익숙해지면 2권, 3권으로 권수를 늘려주도록 합니다. 이렇게 주제 중심 독서를 한 후에 서로 이야기한 내용을 흘려보내지 않고 공책에 간단히 정리해나가면 아이의 독서 배경지식을 넓히는 데에도 더욱 많은 도움이 됩니다.

• 스스로 읽기 전략 활용하기

초등 고학년부터는 다독하는 것보다 한 권을 읽더라도 정독하는 것이 더 중요합니다. 정독을 통해 글 내용을 정확히 이해하는 습관을 길러야 하죠. 이를 위해 초등 고학년이 되면 의식적으로 읽기 전략을 생각하며 글을 읽을 필요가 있습니다. 초등 6학년까지 국어 시간에 배우는 읽기 전략은 다음과 같습니다.

```
1. 다시 읽기
2. 훑어 읽기
3. 목차 읽기
4. 천천히 읽기
5. 책 난이도 조절해 읽기
6. 메모하며 읽기
```

'다시 읽기'란 책 내용이 이해되지 않을 때 해당 문장을 여러 번 반복해 읽는 전략을 말합니다. '훑어 읽기'는 아이가 책을 읽을 때 자신에게 필요한 부분만 골라 집중적으로 읽고 불필요한 부분은 빠르게 넘기며 읽는 방법입니다. '목차 읽기'란 책의 목차를 먼저 살핀 뒤 읽고 싶은 부분만 추려내 읽는 방법입니다. '책 난이도 조절해 읽기'는 책 내용이 너무 쉬울 경우 좀 더 어려운 책을 고르거나, 반대로 현재 읽고 있는 책이 어려울 때 좀 더 쉬운 내용의 책을 골라 읽는 전략입니다. 마지막으로 '메모하며 읽기'는 핵심 문장이나 인상 깊은 문장을 적으며 읽는 독서법입니다. 이런 읽기 전략들을 잘 활용하면 매일매일 자신의 독서 습관을 점검할 수 있습니다.

만일 독서의 목적이 정보를 찾아내기 위함이라면 읽기 전략 중 훑어 읽기나 목차 읽기를 활용할 수 있어야 합니다. 책을 읽으며 내용이 잘 이해되지 않는다면 다시 읽기나 천천히 읽기 전략을 적용

읽기 전략 활용 예시

날짜	읽기 전략
3월 2일	오늘은 김정호의 대동여지도에 대해 알아보기 위해
	김정호 위인전을 읽었다. 대동여지도가 나온 부분은
	32~33쪽이었다. 이 부분은 천천히 읽고, 나머지
	부분은 훑어 읽었다. 32쪽은 이해하기 어려운 문장이
	있어서 여러 번 다시 읽고, 대동여지도 특징을
	간단하게 기록했다.
3월 3일	오늘은 해리포터 1권 35~56쪽을 읽었다.
	나오는 인물이 많아서 간단하게 등장인물의 특징을
	적으며 읽었다. 이렇게 적으면서 읽으니
	해리포터 이야기가 잘 이해됐다.

하며 독서를 이어가면 됩니다. 이처럼 전략을 잘 활용해 독서를 한
뒤에 스스로 자신의 읽기 전략을 글로써 평가해보는 것이 좋습니
다. 자신의 읽기 전략을 평가하는 방법은 매우 간단합니다. 독서 습
관을 점검하는 메모를 책에 붙여놓아도 좋고, 독서 메모장을 만들
어서 그곳에 일기 쓰듯 간단히 적어보는 것도 도움이 됩니다.

• 어휘 예측하며 읽기

초등 저학년, 중학년 때는 글을 읽으며 모르는 단어가 있으면 국어사전을 활용해 어려운 단어의 뜻을 살펴보는 것이 좋습니다. 하지만 고학년이 되었다면 앞뒤 문장을 통해 단어의 뜻을 스스로 유추해내는 힘을 길러야 하죠. 혹은 자신이 잘 알고 있는 단어와 비슷한 단어는 무엇이 있을지 생각해보며 문장을 해석한 뒤에 국어사전을 활용해 몰랐던 단어의 뜻을 살펴보면 됩니다. 문제집의 문제를 풀고 난 뒤에 정답지에 나와 있는 해설을 보며 자신이 알맞게 풀었는지 확인하는 것처럼 말입니다.

이렇게 어휘를 예측해보는 습관은 매우 중요하며 글을 읽을 때 처음 보는 단어가 눈에 띄더라도 당황하지 않고 해당 문장을 이해해보려고 노력하는 공부 습관을 길러야 합니다. 초등 고학년 때 어휘 공부 습관을 제대로 기르지 못하면 빠르게 글을 읽으며 머릿속으로 내용을 이해해야 하는 고등학교 국어 공부를 잘해낼 수 없고, 이는 수능 국어를 포기하는 이유가 되기도 합니다.

어휘 예측 훈련은 국어 교과서의 지문을 활용할 수도 있고 매일 읽는 책을 활용할 수도 있습니다. 어린이 신문을 꾸준히 읽고 있다면 그 신문을 통해 훈련해도 좋습니다. 매일 글을 읽으며 이해되지 않는 단어는 형광펜이나 볼펜으로 표시하고 자신이 그것을 유추한 과정을 적어보는 것이 매우 중요합니다.

만약 자신이 예측한 내용이 맞다면 그 문장은 다시 점검하지 않아도 되지만, 엉뚱하게 이해했거나 전혀 다른 의미로 해석한 문장이 있다면 일주일이나 한 달 정도 시간이 지난 후에 다시 살펴보는 것이 좋습니다. 굳이 시간적 간격을 두는 이유는 망각을 이용하기 위해서입니다. 시간이 지난 후 문장을 다시 보면 그 문장의 의미가 정확히 무엇이었는지 잘 기억나지 않고, 해당 문장을 새롭게 해석해볼 기회를 얻을 수 있게 됩니다. 그러나 다시 보아도 그 문장의 의미를 알아내지 못한다면 헷갈리는 단어를 국어사전에서 찾아본 뒤 관련 문장과 함께 통째로 외우는 식으로 공부해야 합니다.

다음은 어휘 예측하며 읽기의 예시입니다. 이와 같은 흐름으로 초등 5학년 때부터 공책에 꾸준히 정리하는 것이 좋습니다.

어휘 예측하며 읽기 예시

어려웠던 문장	내가 해석한 내용	단어의 정확한 뜻
조선 시대에는 양인과 천인으로 나뉘었다.	'양인'을 서양인으로 알고, '천인'은 조선 사람으로 이해했다. 그래서 조선 시대에는 서양인과 조선인으로 나뉜다고 생각했다.	• 양인: 양반, 중인, 상민을 의미함 • 천인: 조선 시대의 가장 낮은 신분을 의미함
영양의 서식지는 초원이나 사막 등이다.	그냥 양인데 앞에 '영'이라는 말이 잘못 붙여져 있다고 생각했다.	• 영양: 야생 염소와 산양 짐승을 일컬음

• 글 읽으며 다양한 표현 찾기

초등 고학년 때는 글을 읽으면서 문장에 나오는 동형어, 유의어, 다의어, 반의어 등을 파악할 수 있어야 하죠. 이외에도 관용어, 격언, 속담 등의 관용 표현과 비유적인 표현도 잘 익혀서 글 읽기뿐만 아니라 글쓰기에도 적절히 활용할 줄 알아야 합니다. 그러기 위해 초등 고학년부터는 스스로 미션을 부여하며 다양한 표현을 찾는 연습을 해볼 필요가 있습니다. 다음의 표처럼 고정적인 계획표를 작성한 뒤, 해당 요일에 그것을 의식적으로 찾아보면 됩니다.

다양한 표현 찾기 계획표 예시

요일	내가 찾을 표현
월요일	단일어 5개 찾기 예) 바다, 나무, 가지, 아침, 사랑처럼 나눌 수 없는 단어
화요일	복합어 5개 찾기 예) 김밥(김+밥), 사과+나무, 눈+물, 밤+바다, 돌+다리처럼 나눌 수 있는 단어
수요일	관용 표현 5개 찾기(속담, 격언, 관용어 등) 예) 불난 집에 부채질한다, 자라 보고 놀란 가슴 솥뚜껑 보고 놀란다, 독 안에 든 쥐, 지렁이도 밟으면 꿈틀한다, 빈 수레가 요란하다.
목요일	비유적인 표현 5개 찾기(직유법, 은유법 등) 예) 직유법: 철수는 왕자처럼 생겼다, 엄마 얼굴이 태양처럼 빛난다. 　　은유법: 아빠는 왕이다, 시간은 금이다, 동생 얼굴은 보름달이다.
금요일	단어 2개 고른 뒤 유의어 찾기 예) 행복하다: 즐겁다, 기쁘다, 만족스럽다. 　　슬프다: 불행하다, 울적하다, 우울하다.

토요일	단어 2개 고른 뒤 반의어 찾기 예) 차갑다-따뜻하다, 위-아래, 남자-여자
일요일	월~토요일에 찾은 표현 복습하기

이처럼 요일마다 계획표를 짜놓으면 아이는 자연스럽게 해당 요일에 찾아야 할 단일어, 속담, 격언, 유의어, 반의어 등에 집중해 가며 글을 읽게 됩니다. 예시에 쓰인 것과 같이 활동을 진행하게 되면 유의어와 반의어를 찾는 금요일과 토요일에는 어떤 단어든 5개를 고른 뒤 아이가 스스로 생각해야 하죠. 그 과정에서 긍정적인 학습 효과를 얻을 수 있습니다.

월요일부터 토요일까지는 이러한 활동을 하고 일요일에는 그 주에 아이가 익혔던 단어를 복습하게 하거나 단어들을 활용해서 가족들과 다 같이 게임을 해도 좋습니다. 예를 들어 단일어와 복합어를 섞어 단어 카드를 만든 뒤, 카드를 한 장씩 꺼내며 카드에 적힌 단어가 단일어인지 복합어인지 맞혀보는 것입니다.

속담이나 격언 등의 관용 표현은 어떠한 상황에서 쓰이는지 제대로 알고, 적절한 상황과 연결할 줄 알아야 합니다. 그러므로 관용 표현을 활용하여 놀이할 때는 가족 구성원이 한 명씩 돌아가며 관용 표현을 이야기한 뒤, 그 표현이 주로 어떤 상황에서 쓰이는지 이야기를 하면 도움이 됩니다. 예를 들어 누군가가 '백지장도 맞들면 낫다.'라는 속담을 말했다면 아이가 "설거지를 할 때, 엄마가 그릇을 닦고 내가 물로 헹궈냈을 때 쓰일 수 있는 표현이에요."라고 말하는 것입니다. 이처럼 되도록 가족들이 함께 공유한 경험을 바탕으로 이야기하는 것이 좋습니다. 그래야만 아이가 좀 더 쉽게 이해할 수 있기 때문입니다.

다양한 어휘 표현을 초등 고학년 시기에 학습하면 문학 작품에 담긴 중의적 의미나 함축적 의미를 파악하는 데 많은 도움이 됩니다. 만약 '손이 크다.'라는 관용구를 모르는 아이가 '이분은 손이 커서 무엇이든 많이 만들어요.'라는 문장을 본다면 그 아이는 사람의 신체인 '손'의 크기가 큰 것으로 이해하고 글을 잘못 읽게 될 것입니다. 그러나 다양한 관용 표현을 미리 학습한 아이는 그 뜻을 '씀 씀이가 후하고 크다'로 정확히 파악해서 읽을 수 있을 뿐만 아니라 글을 쓸 때 그 표현을 적절히 활용하며 좀 더 매끄럽게 써 내려갈 수 있습니다.

초등 고학년은 점점 사춘기가 찾아와 부모와 거리가 멀어질 수도 있는 시기이기도 합니다. 이런 때일수록 앞서 소개한 것과 같이 특정 요일마다 가족 구성원과 게임을 하며 대화를 나눈다면 공부 기초 체력을 다질 수 있음은 물론이고, 가족들과도 긍정적으로 소통할 수 있을 것입니다.

🔎 읽기를 완성하는 고학년 글쓰기

• 글쓰기 퇴고 활동 시작하기

초등 1학년 때부터 썼던 독서록과 일기를 차곡차곡 모아두었다면 고학년이 된 후 자신이 썼던 글을 퇴고해보는 것이 좋습니다. 혹은 국어 교과서에 적은 글을 활용해 퇴고해보는 방법도 있습니다.

과거에 자신이 썼던 글을 읽다 보면 문맥상 맞지 않은 어휘나 내용이 보이게 되고 틀리게 쓴 부분도 종종 발견할 수 있습니다. 최소 일주일에 1번씩이라도 이전에 썼던 글을 고쳐보는 공부를 하면 앞으로 좀 더 완성도 높은 글을 쓰는 데 도움이 됩니다.

이러한 퇴고 활동은 이미 완성된 글을 수정하는 정도여서 아이에게도 부담이 덜하며, 아이가 스스로 어휘력과 문장 표현 능력을 점검할 수 있는 좋은 기회이기도 합니다. 또한 글쓰기 자신감도 얻을 수 있고, 새로운 어휘와 적절한 접속어를 사용하며 공부 기초 체력을 향상시킬 수 있습니다.

퇴고 활동을 할 때 새롭게 추가하거나 고친 부분은 되도록 볼펜으로 체크하는 것이 좋습니다. 어떤 부분이 어떻게 수정되었는지 한눈에 파악할 수 있기 때문이죠. 그리고 나서 스케치북이나 공책을 활용해 기존의 글과 이번 글을 나란히 붙여놓으면 됩니다. 초등 고학년 때 수정했던 글을 중학생이 되었을 때, 고등학생이 되었을 때 다시 퇴고해본다면 기존의 글이 어떤 식으로 고쳐지는지 흐름을 파악할 수 있습니다. 이는 아이가 성인이 된 후 글쓰기를 할 때 좀 더 짜임새 있고 구조적인 글을 쓰는 바탕이 됩니다.

다음 예시는 5학년 2학기 국어-나 5단원 '여러 가지 매체 자료'에 나오는 김득신 관련 공부를 한 뒤 정리한 내용을 6학년이 된 이후 퇴고한 결과물입니다.

퇴고 활동 예시

기존 글 (5학년 때 정리)	퇴고한 글 (6학년 때 정리)
김득신은 어릴 때 천연두를 알았으나 이후 성균관에 합격했다. 그는 10세에 글을 깨우치기 시작했다. 그는 공부를 열심히 했다. 몇 시간 전의 공부 내용을 다 잊는 등 이런 일로 공부가 어려웠다. 그의 아버지는 김득신에게 공부를 멈추라는 유언을 남겼지만 김득신은 책을 읽었다. 그래서 59세에 성균관에 합격했다.	김득신은 어렸을 적 천연두를 앓아서 몹시 아팠다. 그래서 조금 늦은 10세부터 글을 깨우치기 시작했다. 늦은 만큼 그는 공부를 열심히 했다. 하지만 몇 시간 전에 공부한 내용을 다 잊는 등의 일 때문에 공부가 어려웠다. 결국, 그의 아버지는 김득신에게 공부를 멈추라는 유언을 남겼지만 김득신은 언제나 책을 읽으며 성장해나갔다. 그 노력의 결실로 59세에 성균관에 합격했다.

• 자기 점검 글쓰기

공부 기초 체력을 완성하기 위해서는 글 내용 중 자신이 이해하지 못한 부분을 어떻게 해석했는지 정확히 인지하는 것이 중요합니다. 이를 위해 초등 고학년부터 다양한 영역에서의 자기 점검 글쓰기를 해야 합니다. 예를 들어 문학 작품을 읽을 때 잘 이해하지 못한 문장이 있었다면 해당 문장을 그대로 베껴 쓰고, 자신이 그 문장을 어떻게 해석했는지를 써보는 것입니다. 더 확장해서 적용하자면 문제집에서 어떤 문제를 풀다가 틀렸을 경우, 그 문제를 옮겨 쓰고 자신이 어떻게 문제를 해석해서 풀었는지를 적으면 됩니다.

이런 식의 자기 점검 글쓰기를 하다 보면 자신에게 취약한 부분이 보이기 시작합니다. 주로 단어의 뜻을 몰라서 문제를 자주 틀렸다면 어휘 공부에 좀 더 시간을 할애해야 한다는 것을 알게 되죠. 혹은 글을 제대로 읽지 않아서 잘못 이해했다면 의식적으로 천천히 읽거나 정독하는 습관을 들여야 한다는 것을 알게 됩니다. 이를 통해 자신의 글 읽기 습관을 교정하려 노력하게 됩니다.

초등 고학년부터 자기 점검 글쓰기를 꾸준히 하면 중학교, 고등학교에 진학해서도 오답 노트 정리를 잘해낼 수 있습니다. 오답 노트는 단순히 틀린 문제를 알맞게 푸는 법만을 적는 것이 아니라 자신이 그 문제를 어떻게 이해했으며, 어떻게 풀어서 오답이 나왔는지의 과정까지도 구체적으로 적어야 하기 때문이죠. 그래야 실수를 명확히 인지할 수 있습니다.

자기 점검 글쓰기는 메타인지를 충분히 활용할 수 있는 활동이므로 시간이 오래 걸리더라도 이 활동을 충분히 해야만 합니다. 부족한 구멍을 잘 메꾸는 것이 곧 공부 기초 체력을 다지는 길이기 때문입니다. 일주일에 1~2회라도 다음의 예시처럼 정리해보도록 합니다.

자기 점검 글쓰기 예시

교과서	독서(책 관련)	오답 정리
5학년 2학기 사회 '옛사람들의 삶과 문화' 중	5학년 2학기 국어 〈존경합니다, 선생님〉 중	수학
앙부일구는 '가마솥이 하늘을 우러르고 있는 모양의 해시계'라는 뜻으로 서울의 혜정교와 종묘 앞에 설치한 우리나라 최초의 공공 시계이다. → 나는 이 문장을 읽을 때 가마솥이 하늘과 반대쪽에 있다고 생각했다. 사전을 찾아보니 '우러르다'는 위를 향하고 있다는 의미여서 가마솥이 하늘을 향해 있다는 의미가 된다.	"아내가 방 안에 들어섰을 때 해와 달도 내 아내를 한번 훔쳐보려는 듯 창가를 어른거렸지." → 왜 아내를 훔쳐보려고 했는지 이해가 안 됨. (이 부분을 대충 읽어서 앞부분에서 다시 찾음)	Q. 값이 큰 것부터 순서대로 써 보세요. ㉠ 0.4 ㉡ 0.39 ㉢ 1의 반 내가 쓴 답: ㉡, ㉠, ㉢ 이 문제를 틀린 이유 → 문제에서 큰 것부터 쓰라고 했는데 작은 것부터 써버림. (대충 읽음)

이처럼 하나의 공책에 정리해도 좋고, 각각의 공책을 준비해 좀 더 체계적으로 분류해 정리할 수도 있습니다. 한 권은 '교과서' 공책으로 교과서와 관련된 내용을 예시의 첫 번째 칸처럼 정리하면 되며, 두 번째는 '독서' 공책으로 책을 읽으며 잘못 이해하거나 실수한 내용을 두 번째 칸처럼 정리하면 됩니다. 마지막은 '오답 노트'로 세 번째 칸처럼 문제를 풀다가 실수했거나 잘못 이해한 부분을 정리하면 됩니다.

📖 정서 ▶ 공부 자존감 높이는 법

초등 고학년은 정서적으로 민감한 사춘기가 시작되고 중학교 입학을 앞두고 있어 아이 스스로도 긴장하게 되는 시기입니다. 이 시기에는 아이의 자존감과 긍정적인 학습 정서를 다시 한번 살펴볼 필요가 있습니다.

초등 저학년과 중학년 시기를 지나 고학년이 되었을 때까지도 글 읽기를 잘하지 못하는 아이들은 공부 기초 체력을 제대로 형성한 아이들에 비해 자존감이 낮을 수밖에 없습니다. 긴 교과서 지문을 읽을 때마다 수시로 좌절하거나 공부를 포기하고 싶다는 생각을 하기도 하죠.

그러나 초등 고학년은 그동안 쌓아온 공부 기초 체력을 단단히 다지면서 앞으로 다가올 중고등학교 학습까지 준비해야 하는 시기이므로 아이의 공부 자존감을 높여주어야 합니다. 또한 긍정적인 공부 정서 만들기에 목표를 둬야만 합니다.

다만 이 시기는 사춘기라는 거대한 산이 있기에 지나친 잔소리나 간섭은 오히려 독이 된다는 것을 기억해야 합니다. 이때는 책을 활용해서 아이와 긍정적인 상호 작용을 하는 것이 좋고, 칭찬을 통해 이이의 무너진 자존감을 회복시켜주는 것이 중요합니다.

🔦 책을 통해 가족과 교류하기

초등 고학년 아이와 정서적으로 잘 교류할 수 있는 방법 중 하나는 가족 추천 도서를 활용한 교류 활동입니다. 아이에게 전하고 싶은 메시지가 있다면 책을 활용해서 간접적으로 마음을 전달하는 것도 좋은 방법입니다.

예를 들어 아이가 자기 방 청소를 등한시하거나 가족의 일에 소홀하다면 "방 청소 좀 해!", "너는 매번 너만 생각하니?"라고 핀잔하기보다는 앤서니 브라운의 『돼지책』을 읽도록 하는 편이 훨씬 낫습니다. 사춘기 아이들은 부모의 사소한 말과 행동에도 쉽게 서운해하고 상처를 받죠. 그러니 아이에게 10번 잔소리할 것을 1번으로 줄이고 나머지 9번은 책을 통해 아이가 스스로 깨닫도록 하는 것이 좋습니다.

책을 통한 교류의 또 다른 장점은 아이의 행동을 자세히 관찰하는 기회를 얻을 수 있다는 것입니다. 예를 들어 아이가 부쩍 주눅 든 모습을 보인다거나 의기소침해 있다면 『미운 돌멩이』를 추천해 주는 것이 좋습니다. 따뜻한 메시지가 담겨 있는 책을 통해 자신이 얼마나 소중한 존재인지 아이 스스로 느낄 수 있기 때문입니다. 특히 책의 앞부분이나 뒷부분에 부모의 마음을 담은 따뜻한 메시지를 적어놓으면 더 좋습니다. 예를 들어 "요즘 우리 ○○이가 이 책 속의 미운 돌멩이처럼 자꾸 슬퍼하고 울적해 보여서 속상하구나. 미운 돌멩이가 자연을 아름답게 가꾸어주는 것처럼 우리 ○○이는 엄마, 아빠를 행복하게 만들어주는 고마운 존재란다."라고 적어볼 수 있습니다.

다만 이 활동을 할 때는 부모만 아이에게 책을 추천하는 것이 아니라 온 가족이 서로에게 책을 추천하는 식으로 진행해야 합니다. 하지만 일주일 단위로 책을 추천하면 서로에게 부담이 될 수 있으므로 한 달에 1권 읽기와 같이 여유롭게 진행하는 것이 좋으며, 메시지를 활용해 책 내용을 공유하고 대화를 나누는 것이 좋습니다. 매일 조금씩이라도 책을 읽으며 가장 와닿았던 문장을 가족 채팅방에 공유하는 것입니다.

그다음 달이 되기 전, 가족 구성원 모두가 책을 완독했다면 한자리에 모여서 30분 정도 책에 관한 대화를 나눕니다. 가족이 왜 이 책을 자신에게 추천해주었을지 이유를 생각해보고, 책을 읽으며 어떤 점을 느꼈는지, 어떤 부분이 가장 좋았는지 등을 이야기하면 됩니다. 매번 책을 추천하는 것이 부담스럽다면 매달 주제를 정해서 가족 추천 도서 교류를 활용해봐도 좋습니다. 다음 예시처럼 각 달의 도서 교류 주제를 미리 정해놓으면 미리미리 추천 도서를 정할 수 있습니다.

우리 가족 추천 도서 주제			
1월	새해를 맞이해 서로에게 전하고 싶은 말이 담긴 책	2월	○○이의 장점을 알려주는 책
3월	요즘 ○○이의 기분을 알려주는 책	4월	내가 가장 존경하는 인물 책
5월	○○이의 단점을 알려주는 책	6월	내가 가장 좋아하는 책
7월	최근 나의 관심사와 관련된 책	8월	○○이를 떠올렸을 때 가장 먼저 생각나는 책
9월	내가 가장 읽기 어려웠던 책	10월	우리 가족을 떠올릴 수 있는 책
11월	힘들 때 가장 위로가 되는 책	12월	한 해를 마무리하는 ○○이에게 알려주고 싶은 책

🔑 결과보다 행동과 과정 칭찬하기

초등 고학년 시기에 학습 실패 경험이 많은 아이들은 공부에 대한 부담감과 열등감이 생기기 쉽습니다. 특히 고학년이 되기 전까지 부모가 학습 결과에 대한 칭찬을 자주 했다면 더욱 보상에 집착하게 되기 쉽죠. 그러나 외적 동기에 대한 집착이 심해질수록 점점 공부에 흥미를 느끼지 못하게 됩니다. 이 시기에는 두꺼운 책을 정독하거나 긴 지문을 읽으며 몰입하는 독서 경험을 해야 하는데, 그러기 위해선 어려운 내용이나 모르는 단어가 나왔을 때 앞뒤 내용을 통해 유추하려는 집념이 필요합니다. 그리고 글을 이해하려는 집념은 외적 동기가 아닌 내적 동기로부터 비롯됩니다.

몰랐던 것을 스스로 깨치는 경험을 자주 하게 되면 성취감을 얻을 수 있고, 비슷한 주제의 다른 글도 읽고 싶은 마음이 생기죠. 반대로 내적 동기를 잘 키우지 못하면 학습에 대한 흥미가 떨어지고 자신의 학습 능력을 과소평가하게 되며 자존감까지 낮아집니다.

학습 흥미를 지속하기 위해선 중학생이 되기 전에 긍정적인 공부 징시를 형성해야만 합니다. 그래야 중학교에 가서 처음으로 경험하는 중간고사, 기말고사의 결과에 연연하지 않을 수 있습니다. 시험 결과가 좋지 않게 나오더라도 그 결과를 바라보는 태도가 완전히 달라지게 되죠.

꾸준히 긍정적인 태도로 공부하며 자존감을 높인 아이는 시험 문제를 많이 틀렸다고 해서 자신을 실패자라 여기지 않습니다. 그보다는 '이번에 내가 몰랐던 부분이 많이 나왔네. 이 부분을 제대로 읽지 않고 넘겼던 것 같아. 개념을 다시 한번 잡아봐야겠다.' 하는 식의 긍정적인 태도를 보입니다. 다시 말해 틀린 문제의 개수에 집착하기보다는 자신이 문제를 틀린 이유를 '읽기'의 측면에서 바라보고 반성하게 되는 것입니다. 이러한 마음가짐을 통해 아이들은 문제를 다시 정독하며 분석하는 글 읽기를 할 수 있고, 교과서나 관련 도서를 참고하여 개념을 형성하지 못했던 부분을 보충하는 등의 노력을 하게 됩니다. 이것이 바로 초등 시기에 공부 기초 체력을 탄탄하게 만드는 과정의 핵심입니다.

초등 고학년 아이가 학습에 어려움을 겪고 있거나 자존감이 떨어졌다면 부모가 먼저 학습 결과에 반응하기보다는 오히려 대수롭지 않게 여겨야 합니다. 다만 아이가 책을 읽거나 국어사전을 통해 어휘를 공부하는 등 공부 기초 체력을 쌓으려 노력한다면 그 부분은 적극적으로 칭찬해주는 것이 좋습니다. 다시 말해 학습 결과보다는 학습하는 행동과 결과에 도달하기까지의 과정 자체를 자주 칭찬해주어야 합니다.

환경 ▶ 아이가 원하는 공부방을 만들어주는 법

주기적으로 공부방을 점검하자

공부 기초 체력을 완성하기 위해 최대한 많은 글을 읽는 것도 중요하지만, 그 전에 아이가 어떤 환경에서 공부하는 것을 선호하는지 구체적으로 파악하고, 아이의 공부방을 주기적으로 점검해야 합니다. 그 이유는 메타인지를 환경적인 측면에서 적절히 활용해야 하기 때문입니다. 아이가 공부에 집중을 잘하지 못한다면 환경적 요인을 주목해야 하며, 공부를 방해하는 부정적인 요소를 하나씩 줄여나가 아이가 집중해서 글을 읽을 수 있는 최상의 조건을 만들어나가야 합니다. 그런 환경 속에서 아이는 잠재력을 최대한 발휘할 수 있게 되고, 긍정적인 마음으로 몰입 독서를 할 수 있으며, 학습 동기도 오를 수 있게 됩니다.

공부 뒷심을 만들어줄 환경을 조성하려면 공부방 배치를 아이와 함께 구상해보는 것이 좋습니다. 방법은 간단합니다. 아이의 학습 능률이 오르지 않을 때 아이와 함께 책상과 책장 등의 위치를 바꿔보는 것이죠.

만일 다른 방에서 공부가 더 잘된다고 하면 그 방을 공부방으로 변경하는 것도 좋은 방법입니다. 유독 추위를 잘 느끼는 아이라면 최대한 찬바람이 느껴지지 않는 곳으로 책상 위치를 바꾸면 됩니다. 교실에서 아이들을 관찰해보면 창문으로 들어오는 햇볕이 뜨거워 창가 자리를 싫어하는 아이가 있는 반면, 그 빛을 따뜻하게 느껴 창가를 선호하는 아이들도 있습니다. 창가를 싫어하는 아이가 그 자리에 앉게 되면 블라인드를 내리거나 커튼을 치느라 바쁘고, 햇볕에 신경을 쓰느라 선생님의 말에 집중하지 못합니다.

아이들의 이런 행동이 별것 아닌 것처럼 느껴질 수 있지만 환경과 관련된 불편한 감정을 해소하기 위해 자꾸 다른 행동을 하게 되면 아이의 에너지는 읽기에 집중되지 못하고 분산될 수밖에 없습니다. 그러므로 아이와 함께 공부방을 잘 살펴보고 아이가 읽기에 집중할 수 있도록 환경을 조성해야 합니다. 환경만 개선되어도 아이는 한 권만 읽으려 했던 책을 2권, 3권씩 읽을 수 있으며, 다독한 만큼 공부 기초 체력을 잘 쌓을 수 있게 됩니다.

다음 표와 같이 아이가 공부방에서 집중하지 못하는 이유를 적어서 최대한 환경 측면의 아이의 메타인지를 활용하여 공부방 환경을 점검해봅시다.

공부방 점검 예시

공부방 단점 적기	개선 방법
눈앞에 보이는 벽지가 자꾸 신경 쓰인다.	현재 아이 공부방의 벽지에 다양한 패턴이 들어 있다면 눈에 잘 들어오지 않는 단색으로 이뤄진 벽지로 바꿔주는 것이 좋다. 이때도 아이가 직접 색깔을 고를 수 있도록 한다.
공부하다 보면 커튼 사이로 들어오는 햇빛이 자꾸 거슬린다.	창문에 커튼 대신 블라인드를 설치하거나, 책상 위치를 햇볕이 잘 들어오지 않는 자리로 배치하는 등 아이와 함께 위치를 조절해본다.

3장

HOW

읽기에
뒤처지는 아이,
문제 유형별
처방전

아이의 읽기 문제 유형을
어떻게 알 수 있나요?

10개의 문항을 통해 특정 문제에 대한 정확한 진단을 내리는 데는 어려움이 있습니다. 다만, 다음 문항들은 현재 아이의 읽기 문제를 어느 정도 파악할 수 있는 지표로써는 활용 가능합니다. 아이에게 해당하는 내용에 체크해봅시다.

음운론적으로 문제가 있는가?

- ☐   받침이 없는 단어나 문장을 읽을 수 있다.
- ☐   받침이 하나 있는 단어나 문장을 읽을 수 있다.
- ☐   ㄵ, ㄳ, ㅄ 등 겹받침이 들어 있는 단어를 정확하게 읽을 수 있다.

- ☐ 소리와 표기가 다른 단어를 읽을 수 있다.
- ☐ '고기'를 '구기'처럼 틀리게 읽지 않고, 글에 적힌 그대로 정확히 읽을 수 있다.
- ☐ 글을 읽을 때 목소리가 또렷하고 발음이 분명하다.
- ☐ 자음, 모음을 결합해서 다양한 글자를 만든 뒤 읽을 수 있다.
- ☐ 문장이나 글을 읽을 때 의미 중심 단위로 알맞게 띄어 읽을 수 있다.
- ☐ 교과서 지문을 보고 유창하게 읽을 수 있다.
- ☐ 글을 읽을 때 더듬거리지 않고 잘못 읽은 단어는 그 자리에서 바로 교정한 뒤 읽는다.

어휘를 얼마나 아는가?

- ☐ 글을 읽고 단어 뜻을 이해한 뒤, 자신의 언어로 설명할 수 있다.
- ☐ 현재 학년 교과서에 나온 문장을 읽을 때 단어를 막힘없이 모두 이해하는 편이다.
- ☐ 어휘를 이해하기 위해 한자 공부를 열심히 하고 있다.
- ☐ 학년 권장 도서를 읽을 때 막히는 단어 없이 술술 읽을 수 있다. (페이지마다 어려운 단어가 있다면 제외)
- ☐ 하나의 단어를 봤을 때 그와 관련된 단어를 자유롭게 떠올려서 말할 수 있다.
- ☐ 글을 읽은 뒤, 뜻이 비슷한 다른 단어로 대체해 말할 수 있다.

(예: 고맙습니다 → 감사합니다, 재미있게 → 즐겁게)

☐ '다르다, 틀리다', '작다, 적다' 등 상황에 적절한 어휘를 구분해 활용할 수 있다.

☐ 평소 국어사전을 잘 활용하는 편이다.

☐ 모르는 단어가 보일지라도 그 단어가 어떤 의미로 쓰였을지 알기 위해 앞뒤 문장이나 배경지식을 활용하며 그 뜻을 이해하려고 노력한다.

☐ 새롭게 알게 된 단어는 지나치지 않고 공책에 꼼꼼하게 정리한다.

글을 꼼꼼히 읽는가?

☐ 교과서 지문을 읽은 뒤, 지문 내용을 물어보는 질문에 정확하게 답할 수 있다.

☐ 장소의 변화가 있는 글을 읽었을 때 장소의 흐름이 어떻게 바뀌었는지 말할 수 있다.

☐ 시간의 흐름에 따라 정리된 글을 읽은 뒤, 시간별 주요 사건을 말할 수 있다.

☐ 책을 읽을 때 한 장 한 장 정독하며 읽는 편이다.

☐ 평소 책을 읽으며 인상 깊은 문장을 적는 등 독서 활동에 적극적이다.

☐ 책을 읽으면 마지막 장까지 꼼꼼하게 읽는다.

☐ 문제를 풀 때 덤벙거리거나 실수하지 않는다.

☐ 글을 읽을 때 중요한 부분은 밑줄을 긋거나 공책에 정리한다.

- □ 제법 두꺼운 책을 읽을 때는 현재 읽은 부분까지 꼼꼼하게 표시하는 편이다.
- □ 방금 읽은 책과 관련된 질문을 했을 때 해당 내용이 어느 부분에 있었는지 찾을 수 있다.

글에 대한 이해력이 충분한가?

- □ 글을 읽고 중심 내용이나 중요 문장을 말할 수 있다.
- □ 글을 읽고 중심 인물이나 주요 사건을 이야기할 수 있다.
- □ 글을 읽다가 모르는 문장이나 내용이 있으면 그 내용을 이해한 뒤 다음으로 넘어간다.
- □ 짧은 기사나 짧은 글을 읽고 핵심 내용이나 메시지를 파악할 수 있다.
- □ 긴 글을 읽을 때 각 문단을 대표할 수 있는 소제목을 만들 수 있다.
- □ 책을 읽을 때 지금까지 읽은 부분을 간단히 요약해서 말할 수 있다.
- □ 문장의 함축적인 의미나 중의적인 의미 등을 제대로 파악할 수 있다.
- □ 문장제 문제를 읽을 때 문제가 요구하는 것이 무엇인지 제대로 파악할 수 있다.
- □ 글 전체의 내용을 간단하게 정리해서 말할 수 있다.
- □ 지금까지 읽은 내용을 토대로 앞으로 전개될 내용을 유추하여 말할 수 있다.

유형별 문항당 5개 이상으로 아이가 잘해내고 있다면 다행이지만, 1~4개 정도밖에 해당되지 않는다면 해당 유형별로 좀 더 꼼꼼하게 지도할 필요가 있습니다.

읽기 문제가
공부에 어떤 영향을 미치나요?

거듭 강조하는데 공부의 기본은 읽기입니다. 눈으로 글을 읽으면서 머릿속으로 내용을 술술 해석할 수 있어야만 효과적인 학습이 이루어질 수 있죠. 그렇기에 가장 기초적인 한글 읽기의 유창성부터 글의 내용을 잘 파악하고 있는지 알아보는 이해 과정까지 꼼꼼하게 체크하는 것이 중요합니다.

하지만 읽기 자체가 되지 않는 아이들은 음운론적으로 문제가 있는 경우가 많습니다. 이런 문제점은 초등 1~2학년 시기에 아이가 음독하는 소리를 들으며 파악할 수 있습니다. '고기'를 '구기'라고 읽거나 '학교 간다.'를 '학교로 간다.'로 대체해서 읽는 것과 같은 모든 경우가 해당됩니다.

이 문제를 빨리 해결하지 않으면 학년이 올라갈수록 학습 부진을 겪을 수밖에 없습니다. 기본적인 읽기 능력을 갖춰야 공부를 위한 글 읽기로 진행될 수 있는데, 읽기 자체가 되지 않으니 어떤 글을 읽더라도 제대로 학습할 수 없는 것입니다. 따라서 초등 저학년 때 아이가 글을 읽으며 음독하는 소리를 듣고 음운론적으로 문제가 있는지 파악한 뒤, 초등 중학년이 되기 전까지 글을 유창하게 읽을 수 있도록 부모가 아이와 함께 읽기 연습을 해야 합니다.

다음으로 어휘를 잘 알지 못해서 글을 잘 못 읽는 경우가 있습니다. 이 유형의 아이들은 교과서에 나온 쉬운 말도 이해하지 못하고, 매번 단어 뜻을 선생님에게 질문합니다. 또한 각 학년 권장 도서를 집에서 읽을 때 페이지마다 모르는 단어가 있다고 말하죠. 이러한 모습을 통해 아이의 어휘력이 부족하다는 사실을 파악할 수 있습니다.

평소 다독하는 아이들 중에서도 아이의 학년 수준에 맞는 어휘를 잘 알지 못하는 경우가 더러 있습니다. 학교 도서실을 자주 다니며 쉬는 시간마다 책을 읽고, 다독상을 받는 아이들 중에서도 정작 교과서 수업을 할 때면 이전 학년에서 이미 배웠던 단어의 뜻을 묻는 경우가 의외로 많습니다. 예를 들어 초등 3학년 아이가 2학년 때 배운 '식중독'이라는 단어의 뜻을 알지 못하고 묻는 것처럼 말입니다. 이는 의미를 파악하는 읽기 능력을 잘 갖추지 못했기 때문입니다. 글을 읽을 때 잘 모르는 어휘가 있으면 국어사전을 활용하거나 주변 어른들에게 물어보면서 정확하게 뜻을 이해한 뒤 다음 문장으로 넘어가야 합니다. 그러나 이러한 습관이 잡혀 있지 않다면 아이의 공부에도 부정적인 영향을 미치게 됩니다.

책을 읽을 때 어렵게 느껴지거나 처음 접한 단어를 눈으로만 대충 읽고 지나치는 습관은 교과 공부를 할 때도 마찬가지로 작용합니다. 교과서에서 처음 보는 개념을 마주쳤을 때 역시나 눈으로만 글자를 읽고 다음 장으로 넘겨버리게 되는 것이죠. 그렇게 되면 오랜 시간 동안 교과서를 꼼꼼하게 읽는다 해도 뒤돌아서면 기억이 나지 않거나, 개념에 대한 의미를 누군가에게 제대로 설명하지 못하게 됩니다. 따라서 아이가 모르는 어휘가 많을 때는 다양한 어휘 놀이를 통해 제대로 된 어휘 학습법을 익히도록 지도해야 합니다.

세 번째 유형으로는 글을 읽을 때 꼼꼼하게 읽지 않고 수박 겉 핥기식으로만 대충 읽는 경우입니다. 글을 대충 읽으면 여러 번 읽었던 책일지라도 내용을 제대로 파악할 수가 없습니다. 이 유형의 아이들은 글의 내용을 물어보는 질문에도 제대로 대답하지 못하거나 엉뚱한 대답을 하기도 합니다.

초등 저학년부터 글을 대충 읽는 습관이 형성되면 추후 교과 학습을 하거나 문제집을 풀 때도 자신이 알고 있는 개념에 관한 문제조차 틀리게 됩니다. 혹은 지금 읽고 있는 부분의 가장 중요한 내용을 놓치고 다음 장으로 넘기게 되죠. 그 결과 아무리 오랜 시간 동안 학습을 한다고 해도 성적이 오르지 않게 됩니다. 따라서 아이가 유독 글을 읽는 속도가 빠르다고 느껴지면 아이가 글을 꼼꼼하게 읽는지 파악해볼 필요가 있습니다.

마지막으로 글에 대한 이해력이 부족한 경우입니다. 지금 읽고 있는 책과 관련된 배경지식이 없거나 글의 중심 문장을 제대로 파악하지 못할 때 이해력은 낮아질 수밖에 없습니다. 분명 아이가 책을 꼼꼼하게 읽고 있는 것 같아도 책의 주제를 물었을 때 답을 하지 못하거나, 글의 요지를 제대로 파악하지 못한다면 글을 이해하지 못한 채 눈으로만 읽고 있는 셈입니다.

만일 이런 식으로 글을 읽는 행위만 반복하게 되면 학년이 올라갈수록 앞서 언급했던 다른 읽기 문제 유형들보다 학습 좌절감이 더 클 수도 있습니다. 아이 스스로는 분명 오랜 시간 의자에 앉아서 교과서를 꼼꼼히, 그리고 천천히 읽으며 열심히 공부했다고 느끼지만 공들인 시간만큼의 결과가 따라주질 않기 때문입니다. 따라서 책을 열심히 읽는데도 글을 제대로 이해하지 못한다면 글과 관련된 배경지식을 쌓는 다양한 경험을 하면서 글의 중심 문장을 함께 찾는 연습을 꾸준히 해야 합니다.

이 4가지의 문제 유형이 범하는 오류에 대해 다음 장부터 좀 더 자세히 살펴본 뒤, 이를 해결하기 위해 가정에서 아이들과 함께할 수 있는 활동을 알아보겠습니다.

유형 ①
음운론적으로 문제가 있어요

음운론은 자음과 모음의 조합으로 만들어진 글자의 소릿값과 관련된 것으로 공부 기초 체력과 상당히 관련이 깊습니다. 음운론적으로 문제가 있는 아이는 4가지 유형으로 나눠볼 수 있습니다.

첫째, 글을 잘못 읽는 경우입니다. 예를 들어 '읽기'라는 단어를 [이기]라고 읽거나 '강아지'를 [가아지]라고 읽는 경우입니다. 아이가 읽고 있는 단어가 무슨 단어인지 이해하기 어렵다면 이 경우에 해당합니다. 잘못 읽는 경우는 초등 1학년부터 6학년까지 고루 발생하는 문제입니다.

둘째, 글을 대체해서 읽는 경우입니다. 글을 읽을 때 아이가 자신에게 익숙한 단어로 대체해서 읽거나 음절을 추가해서 읽을 때를 말합니다. 글에는 '1반'이라고 적혀 있지만 [일번]이라고 읽거나 '간다'라는 말에 음절을 추가해서 [갑니다]라고 말하는 경우가 이에 해당됩니다. 대체해서 읽는 것은 초등 저학년 때 자주 일어나는 현상이지만 학습 부진을 겪는 아이라면 학년과 상관없이 마주하는 문제 중 하나입니다. 다만, 한두 번 실수하는 경우는 문제라고 볼 수 없고 글을 읽을 때마다 반복적으로 그 증상이 나타나는 경우에만 문제라고 할 수 있습니다.

세 번째 유형은 글을 더듬거리며 읽는 아이의 경우입니다. '안녕하세요'라는 글을 읽을 때 한 호흡으로 읽지 못하고 '안∨녕∨하세∨요' 혹은 '안∨녕하∨세∨요'처럼 한 글자씩 띄엄띄엄 읽는 경우를 말합니다. 이는 초등 저학년 시기에 빈번하게 일어나는 현상이지만 학습 부진이 누적된 고학년 아이들 중에서도 흔히 일어나는 현상 중 하나입니다.

마지막 유형은 음절을 생략하고 읽거나 글자를 빠트리고 읽는 경우입니다. 예를 들어 '토끼'를 읽을 때 '토'를 생략하고 '끼'만 읽거나 '강아지'를 읽을 때 '강'을 생략하고 '아지'만 읽는 경우를 말합니다. 또한 '가방에 교과서가 있어요.'라는 문장을 읽을 때 '교과서가'라는 말을 생략하고 '가방에 있어요.'라고 말하는 경우도 이에 해당합니다. 그러나 이 유형도 한두 번의 실수를 문제로 볼 수는 없습니다.

글을 읽으며 제대로 된 학습을 하기 위해선 읽기의 기초인 글자 해독 단계를 거친 뒤 독해의 과정으로 자연스럽게 넘어가야 합니다. 하지만 이러한 4가지 유형과 같은 현상을 보이는 아이들은 읽기의 기초인 글자 해독을 잘하지 못한다는 뜻이므로, 다시 읽기의 기본부터 다진 뒤 글자의 의미를 이해하는 단계로 넘어가야 합니다. 특히 공부 기초 체력을 형성하는 시기인 초등 저학년 아이들 중 음운론적으로 문제가 있는 경우는 좀 더 집중해서 관찰하고 지도해야 합니다. 마찬가지로 중학년, 고학년 아이들 중 학습 부진을 겪는 아이들에게도 이 문제가 나타나는 경우가 있습니다. 공부 기초 체력은 꾸준한 반복과 낭독을 통해서만 다질 수 있으므로 다음과 같은 활동을 가정에서도 꾸준히 지도해야 합니다.

📖 자모음이 결합된 소릿값 익히기

　문장은 글자의 조합입니다. 글을 제대로 읽으려면 소릿값을 익혀야 하죠. '가'는 'ㄱ'과 'ㅏ'의 결합으로 이루어진 글자입니다. '가' 글자를 나누면 ㄱ[그], ㅏ[아]로 나눌 수 있고, 여기에서 나눈 [그]와 [아] 소리가 바로 하나의 소릿값이 됩니다. 소릿값을 먼저 알아야만 글자 읽기, 단어 읽기, 문장 읽기가 자연스럽게 진행되므로 소릿값 익히는 훈련을 반복해서 지도해야 합니다. 다음의 자음→모음 순서는 현재 초등 1학년 국어 교과서 순서에 따른 것입니다.

🔍 첫째, 자음 익히기

• 소리 듣기

처음에는 자음의 소리를 정확하게 듣도록 하되, 자음의 소리를 들으며 입 모양도 시각적으로 학습하도록 합니다. 예를 들어 'ㄱ'을 가르친다면 [기역]이라고 발음하는 동안 아이가 부모의 입 모양을 정확히 보도록 하면 됩니다. ㄴ[니은], ㄷ[디귿], ㄹ[리을], ㅁ[미음], ㅂ[비읍], ㅅ[시옷], ㅇ[이응], ㅈ[지읒], ㅊ[치읓], ㅋ[키읔], ㅌ[티읕], ㅍ[피읖], ㅎ[히읗] 역시 소리를 직접 들려주며 입 모양을 반복해서 보여주면 됩니다. 이 과정을 반복하면 아이는 각각의 자음을 봤을 때 소리와 입 모양을 자연스럽게 연상할 수 있습니다.

• 직접 입 모양 보며 따라 읽기

듣기 과정이 마무리되었다면 이제 아이가 입 모양을 따라 해보도록 합니다. 부모가 먼저 읽고, 아이가 부모의 입 모양을 보면서 정확하게 따라 읽는 것입니다. 아이가 이 과정에 익숙해지면 아이 혼자 소리 내어 읽어보는 식으로 진행하면 됩니다. 이때 자음 카드를 활용하면 더 좋습니다. 무작위로 자음 카드를 한 장씩 고른 뒤, 카드에 적힌 자음을 아이가 소리 내어 발음해보는 것입니다. 시중에서 판매하는 자음 카드를 구매해도 좋고, 집에 있는 종이를 활용해서 카드를 만들어봐도 좋습니다. A4 크기의 두꺼운 종이를 6등분해서 아이와 함께 자음을 적고, 손 코팅지에 끼워 카드를 만드는 것입니다. 이때 이어질 모음 공부를 위해 모음 카드도 함께 만들어두면 효율적입니다.

'ㅅ'이 적혀 있는 카드를 골랐다면 [시옷]이라 읽고 'ㅇ'이 적혀 있는 카드가 나왔다면 정확하게 [이응]이라 읽도록 합니다. 만일 아이의 입 모양이 불분명하거나 발음이 정확하지 않다면 해당 글자는 그 자리에서 5번 반복해서 다시 읽도록 지도하면 됩니다.

• 소리 듣고 자음자 찾기

읽기 단계가 마무리되었다면 이제 소리를 듣고 직접 자음자를 찾을 단계입니다. 자음자를 부모가 소리 내어 들려주면 그에 해당하는 자음자를 아이가 스스로 찾는 것입니다. 혹은 반대로 아이가 직접 자음을 소리 내어 말한 뒤, 해당 자음을 부모가 찾는 형식으로 진행해봐도 좋습니다. 이때 앞의 과정과 동일하게 아이가 올바르게 발음하지 못하는 자음은 그 자리에서 바로 교정한 뒤 5번 반복해서 다시 읽도록 지도합니다. 3단계로 아이가 자음 발음을 정확하게 익혔다면 다음 단계로 넘어가면 됩니다.

🔍 둘째, 모음 익히기

모음 익히기도 자음 익히기와 마찬가지로 1~3번 단계를 순서대로 진행하면 됩니다. 다만 모음은 기본 모음과 함께 ㅒ, ㅖ, ㅐ, ㅔ, ㅝ, ㅙ 등과 같은 이중 모음도 함께 익히도록 합니다. ㅏ, ㅑ, ㅓ, ㅕ 등과 같은 기본 모음의 정확한 소리와 입 모양을 익히고, 기본 모음을 완벽하게 알았다면 그다음 단계인 이중 모음 학습으로 넘어가면 됩니다.

🔍 셋째, 자음+모음 결합하기

자음과 모음을 완벽하게 익혔다면 그다음으로는 자음과 모음을 결합해서 글자를 만들고 읽어보는 연습을 합니다. 자음과 모음 카드를 한 장씩 활용해서 만들어진 글자를 소리 내어 읽어보는 연습을 하는 것입니다. 이후에는 자음과 이중 모음을 결합해보고, 마지막으로 자음 2개와 모음 1개를 활용해서 '집'과 같은 받침 소릿값을 익히도록 합니다.

🔍 넷째, 단어 만들기

소릿값을 모두 익혔다면 이제는 두 글자 이상의 글자를 만들어 보도록 합니다. 이때도 자음과 모음 카드를 활용하면 됩니다. 자음과 모음 카드를 이리저리 조합해 글자를 만들다 보면 아이와 함께 다양한 단어를 만들 수 있습니다.

처음에는 두 글자 단어 만들기부터 시작하고 그 후에 세 글자 단어 만들기, 네 글자 만들기 등으로 확장해가면 됩니다. 자음과 모음으로 분리되어 있었던 글자를 합쳐서 단어를 만들어가는 활동을 통해 아이는 음절 학습도 함께할 수 있습니다. 예를 들어 세 글자 만들기 중 '비행기'를 만들었다면 이때의 음절은 '비', '행', '기'가 됩니다. 그리고 음절을 다시 나누면 'ㅂ+ㅣ', 'ㅎ+ㅐ+ㅇ', 'ㄱ+ㅣ'로 나뉘는데 이처럼 글자 나누기를 통해 자소 학습도 할 수 있습니다.

'비행기'에서 자음인 'ㅂ', 'ㅎ', 'ㄱ'과 모음인 'ㅣ', 'ㅐ'를 결합하면 또 다른 글자도 만들 수 있습니다. 이를 통해 단어 만들기 단계를 충분히 학습하며 이때 함께 만든 글자는 최소 5번 이상씩 부모와 아이가 함께 읽도록 합니다.

🔎 마지막, 문장 만들기

문장 만들기는 어절 중심의 띄어 읽기와 의미 중심의 띄어 읽기를 학습하기 위한 단계입니다. 단어의 소릿값을 모두 익혔다면 이제 간단한 문장부터 만들어보면서 띄어 읽기를 학습하면 됩니다.

문장을 고르는 방법은 다음과 같습니다. 우선 최근 읽은 책이나 국어 교과서에서 가장 짧은 문장을 고릅니다. 예를 들어 '학교에 간다.'라는 문장을 골랐다고 가정해봅시다. 우리는 어절 중심으로 띄어 읽으므로 '학교에' 다음에 한 호흡 쉬고 '간다.'를 읽습니다. 이 기본 과정을 알기 위해 먼저 '학', '교', '에', '간', '다' 각각 글자의 카드를 만듭니다. 그러고 나서 카드를 섞은 뒤 아이가 스스로 '학교에 간다.'라는 문장을 만들어보게 합니다. 아이가 문장을 정확히 만들었다면 공책이나 스케치북에 글자 카드를 붙이기 전에 어느 부분을 띄어서 카드를 붙여야 할지 스스로 찾도록 지도합니다.

만일 아이가 '학', '교', '에' 카드를 붙인 뒤 한 칸을 띄우고 '간', '다' 카드를 붙였다면 왜 이렇게 붙였는지 아이에게 질문해봅시다. 아이의 생각을 다 듣고 난 뒤, 어절 중심의 띄어 읽기에 대해 알려주면 됩니다. 이후에도 다른 문장을 활용해서 카드를 만들고 다시 공책에 붙이는 연습을 하면 됩니다. 이런 식으로 가장 쉬운 문장부터 차근차근 연습하면서 글자 수가 많은 문장으로 차츰차츰 늘려나가면 됩니다. 그러다 보면 어절 중심의 띄어 읽기뿐만 아니라 "오늘∨귀엽게 생긴 강아지를∨쓰다듬어줬어요."와 같이 의미 중심의 띄어 읽기까지 충분히 학습할 수 있습니다.

📖 어휘력이 자라나는 말놀이 `권장 학년: 1~2학년`

자음과 모음을 익힐 때는 딱딱하게 진행하는 것보다 아이들이 좋아하는 말놀이를 활용하는 것이 좋습니다. 말놀이는 아이의 흥미를 유발할 뿐만 아니라 집중력을 높여주기 때문이죠. 또한 말놀이를 꾸준히 하면 아이의 어휘력이 좋아짐은 물론이고 아이들은 부모의 말소리를 들으며 정확하게 읽는 모방 학습을 할 수 있습니다. 이 활동은 초등 저학년 시기에 중점적으로 하는 것이 좋습니다.

💡 첫소리, 끝소리 말놀이

첫소리, 끝소리 말놀이는 같은 첫소리로 시작되는 말을 찾거나 끝소리가 같은 단어를 찾는 놀이입니다. 만일 '가' 소리로 시작하는 단어 찾기 놀이를 한다면 가지, 가위, 가수 등을 떠올릴 수 있고, '가'로 끝나는 단어 찾기 놀이를 하면 요가, 국가, 화가, 바닷가 등을 말할 수 있습니다. 만약 아이가 단어를 떠올리지 못할 경우 부모가 알려주면 됩니다. 이 놀이를 통해 아이는 머릿속에 떠오르는 단어를 자연스럽게 말할 기회를 얻을 수 있고, 새로운 단어와 단어를 읽는 방법도 함께 익힐 수 있습니다.

만약 '가'로 끝나는 단어를 아이가 말하지 못했을 경우, 부모가 '바닷가'라는 단어를 말해주면서 정확한 발음도 함께 들려주면 됩니다. 하지만 첫소리, 끝소리 말놀이를 부모와 아이가 단순히 묻고 답하는 식으로만 진행하면 금방 지루해질 수 있으므로 다음 설명처럼 재미있는 보드게임 형식으로 진행해볼 것을 권장합니다.

보드게임을 활용한 첫소리, 끝소리 말놀이 방법

1. 집에 있는 종이로 똑같은 크기의 카드를 만들어서 그곳에 다양한 단어를 적어봅니다. 카드 개수는 많으면 많을수록 좋습니다. 카드에 적는 말은 무엇이든 좋으니 아이와 상의하면서 단어를 적도록 합니다.

   (단어를 쉽게 찾으려면 그림책에 나온 단어나 교과서에 나온 단어 등을 활용하면 됩니다.)

2. 카드를 오래 활용할 수 있도록 손 코팅지나 가정에서 간편하게 쓸 수 있는 코팅기를 활용해서 잘 코팅합니다.

3. 보드게임에 활용할 종을 준비합니다.

   (인터넷 검색창에 '보드게임 종'이라고 치면 1,000~2,000원 사이에 구매할 수 있습니다.)

4. 코팅한 카드를 뒤집어서 쌓아둔 후 카드 바로 옆에 종을 놓습니다.

5. 기본적인 준비가 완료되었다면 아이와 첫소리 놀이를 할지 끝소리 놀이를 할지 정합니다.

6. 가위바위보로 순서를 정한 뒤 쌓여 있는 카드를 1장씩 뒤집습니다.

7. 첫소리가 '나'로 시작하는 놀이를 한다고 가정했을 때, 첫 번째 카드에서 '가위'가 나왔다면 '나'로 시작하는 단어가 아니므로 이럴 땐 카드를 바로 옆에 내려놓습니다.

(만일 이때 '가위'를 소리 내어 읽으며 종을 쳤다면 종을 잘못 친 것이므로 현재 가지고 있는 카드 중 1장을 상대방에게 줘야 합니다.)

8. 두 번째 사람이 뒤집은 카드에 '나비'라는 글자가 적혀 있다면 '나비'를 먼저 읽고 종을 친 사람이 카드를 가져갈 수 있습니다.

9. 이렇게 모든 카드가 끝날 때까지 게임을 진행한 뒤, 더 많은 카드를 가진 사람이 이기게 됩니다.

이처럼 놀이를 진행하되, 놀이가 끝나면 부모와 아이의 손에 있었던 카드를 다시 한 장 한 장 보면서 단어를 정확하게 읽는 연습을 반복합니다. 또한 한 달에 1번씩 주기적으로 카드에 적힌 단어를 바꿔주도록 합니다.

처음 이 게임을 시작할 때는 '가지', '나비'처럼 받침이 없는 두 글자 단어로 구성합니다. 이후에는 '미꾸라지', '사슴벌레'처럼 글자 수를 늘리거나 '각시', '물병'처럼 받침이 있는 말을 추가해도 좋고, 좀 더 심화해서 '핥다', '앉다'와 같은 겹받침이 들어간 단어를 포함해서 카드 놀이를 해도 좋습니다.

🔍 그림 동화책 단어 찾기 놀이

그림 동화책 단어 찾기 놀이는 그림 동화책에 나와 있는 문장을 그대로 활용해서 빈칸을 채워보는 활동입니다. 다만 이 활동은 초등 시기별로 책의 난이도를 조절할 필요가 있습니다. 예를 들어 초등 1~2학년 아이들은 이제 막 자음, 모음을 익히는 시기이며 이때는 해독이 아닌 한글 자체를 학습하는 단계입니다. 이 시기에 그림 동화책 활동을 할 때는 글보다는 그림이 지면의 대부분을 차지하고 있는 책부터 시작하기를 권장합니다. 그래야만 아이도 편안하게 한글 공부를 할 수 있고, 문장의 의미를 이해하지 못하더라도 그림을 통해 내용을 유추할 수 있기 때문입니다.

초등 중학년 시기부터는 분량이 제법 많은 그림책뿐만 아니라 조금 더 두꺼운 책을 활용해도 됩니다. 그림책을 골랐다면 하루에 1~2회 정도 아이에게 소리 내어 읽어줍니다. 한 권의 책을 대략 일주일 정도 반복해서 읽어주면 됩니다. 매일 반복해서 똑같은 책을 읽어주되, 중간중간 아이가 책 내용을 제대로 이해하고 있는지 확인하기 위해 "이다음에는 어떤 내용이 있었지?"와 같은 질문을 하는 것이 좋습니다. 일주일 동안 함께 책을 읽었다면 이제 단어 찾기 놀이를 하면 됩니다.

초등 1~2학년 권장도서 『아빠가 아플 때』

> "누나! 털이 송송 난 아빠 발이 아직도 침대에 있어!"
>
> "아빠가 발만 두고 회사에 갔나 봐!"
>
> "아빠잖아? 아빠 몸이 뜨거운 주전자 같아."
>
> "아빠가 많이 아픈가 봐!"
>
> "그럼 우리가 아빠가 하는 일을 대신해 주자!"
>
> "아빠처럼 신문을 읽고 나가자!"
>
> "아빠는 아침마다 변기에 앉아서 신문을 읽어!"

이 지문의 내용을 활용해서 단어 찾기 놀이를 한다면 다음처럼 빈칸을 만들어볼 수 있습니다.

> ① "누나! 털이 (＿ ＿) 난 아빠 발이 아직도 침대에 있어!"
>
> ② "아빠가 (＿)만 두고 회사에 갔나 봐!"
>
> ③ "아빠 몸이 뜨거운 (＿ ＿ ＿) 같아."

이런 식으로 빈칸을 만든 뒤 괄호 안에 몇 글자인지 힌트를 남 겨놓으면 됩니다. 1빈 문제를 보면 밑줄이 2빈 그이져 있으니 글자 수가 2개라는 의미가 되고, 2번은 밑줄이 1개 있으니 글자 수가 총 1개라는 의미입니다. 위 놀이를 위해 '송송', '침대', '회사', '주전자',

'신문', '변기' 등 동화에 나왔던 단어를 미리 적어서 〈보기〉를 만들어줘도 좋습니다. 〈보기〉를 만들어두면 아이가 〈보기〉에 있는 단어를 보면서 좀 더 쉽게 정답을 찾을 수 있기 때문입니다.

이 활동이 익숙해진다면 과감하게 〈보기〉를 없앤 뒤 아이가 스스로 글 내용을 떠올리며 단어를 말할 수 있도록 지도합니다. 빈칸에 나왔던 단어를 정확하게 떠올린 뒤에는 다시 한번 문장을 소리 내어 읽을 수 있도록 지도하고, 만일 단어를 기억해내지 못했던 문장이 있다면 동화책을 다시 보면서 그 문장 또한 소리 내어 읽도록 지도합니다. 이런 단어 찾기 놀이는 의성어, 의태어 등 다양한 단어를 발화할 기회를 제공합니다. 따라서 앞서 언급했던 첫소리, 끝소리 말놀이 카드를 만들 때도 이 활동에서 언급했던 단어를 함께 활용하는 것이 좋습니다.

📖 정확하게 소리 내어 읽기 `권장 학년: 1~2학년`

읽기가 제대로 되지 않는 아이들은 대개 글을 더듬거리면서 읽거나 천천히 읽습니다. 단어 뜻이 생소하거나 글의 의미를 제대로 파악하지 못할 때 더더욱 이런 현상이 발생하죠. 이 문제를 해결하기 위해 다음과 같은 활동을 가정에서 꾸준히 해야 합니다.

🔑 여러 번 소리 내어 읽어주기

아이들의 읽기 정확성을 길러주기 위해서는 먼저 아이들이 책과 가까워지게 만들어줄 필요가 있습니다. 다양한 어휘에 노출되는 것이 선행되어야만 글 읽기가 가능하기 때문입니다. 글을 잘 읽기 위해서는 먼저 누군가의 정확한 발음을 들으며 의미 중심으로 띄어 읽는 법을 익혀야 합니다.

먼저 얇은 그림책으로 시작하되, 독서에 관심이 없는 아이라면 아이가 원하는 책을 직접 고를 기회를 제공하도록 합니다. 책을 선정했다면 부모가 한 문장씩 손가락으로 가리키며 정확한 발음과 적절한 억양으로 소리 내어 읽어줍니다. 아이에게는 부모의 말소리에 집중할 것을 일러주어야 합니다.

이런 식으로 하루에 2회 정도는 그림책에 적힌 문장을 읽어주면서 정확한 발음과 억양에 노출될 수 있도록 도와줘야 합니다. 만약 매일 읽어주기 힘들다면 미리 책 내용을 녹음한 뒤에 그 음성 파일을 들려주는 것도 좋습니다.

🔑 한 문장씩 의미 해석하기 & 발음 카드 만들기

부모의 발음과 억양을 아이가 충분히 들었다면 이제 그림책에 나온 문장 하나하나의 의미를 아이와 함께 해석하도록 합니다. 만일 그림책에 10개의 문장이 있었다면 그 10개의 문장을 모두 해석해보도록 합니다.

모르는 단어가 있으면 책 속에 나온 그림 자료를 충분히 활용해 아이에게 설명해주면서 모든 문장의 의미를 제대로 이해할 수 있도록 지도합니다. 이렇게 문장을 다시 되짚어보는 이유는 문장의 의미를 정확하게 이해할수록 아이가 글을 읽을 때 알맞은 곳에서 띄어 읽는 것이 가능해지기 때문입니다.

또한 아이와 함께 책에 나왔던 단어를 추려서 발음 카드를 만드는 것도 좋은 방법입니다. 책에 나온 단어를 아이와 함께 찾고, 그 단어를 직접 발음 카드로 만들어서 매일 들여다보도록 합니다. 예를 들어 그림책에 '악어'가 나왔다면 그 옆에 '[아거]'라고 적는 것입니다. 카드에 적힌 발음법을 보면서 아이가 직접 소리 내어 읽어보도록 지도합니다.

아이가 점점 읽기에 재미를 붙이게 되면 "엄마, 왜 이 낱말은 이렇게 발음되는 거예요?" 하는 식으로 질문할 수도 있습니다. 이럴 땐 이유를 구체적으로 알려준 뒤(예: 겹받침 때문인지, 앞 글자 받침이 뒷 글자의 첫소리로 시작되기 때문인지 등) 그 이유와 비슷한 또 다른 단어는 무엇이 있는지도 함께 알아보도록 합니다.

예를 들어 아이가 '앉다'를 읽을 때 왜 [안따]라고 발음해야 하는지를 묻는다면 겹받침이 있는 경우에는 두 받침 중 하나의 소리가 난다는 것을 알려주고, '앉다'의 경우 앞 받침인 'ㄴ'의 소리가 나는 것이라고 알려주면 됩니다. 이와 비슷한 사례로 '않다'를 알려주면 됩니다. 반대로 '읽다[익따]'처럼 겹받침 중 뒷받침이 발음되는 경우를 알려줄 수도 있습니다. 이처럼 비슷하거나 다른 사례를 함께 학습하면서 다양한 단어를 익히고 읽는 연습을 충분히 해야 합니다.

🔍 직접 소리 내어 읽기

그림책의 단어의 의미를 이해하고, 발음 카드를 활용해서 정확한 소리를 공부했다면 이제 한 문장씩 아이가 직접 소리 내어 읽어보도록 지도합니다. 이때도 부모가 먼저 읽은 다음 아이가 읽는 식으로 진행하면 됩니다. 부모는 아이의 소리를 들으면서 떼어 읽기가 제대로 되지 않거나 유독 천천히 읽는 문장이 있을 때마다 체크를 해야 합니다. 부모가 자세히 분석할수록 아이는 글을 더 잘 읽을 수 있습니다. 따라서 어떤 이유로 체크를 했는지도 함께 적어두는 것이 좋습니다.

읽기 유창성은 공부 기초 체력을 형성하는 데 있어서 빠져서는 안 될 중요한 요소 중 하나인데, 문장으로 시작해서 전체 글을 읽는 단계까지 꾸준히 소리 내어 읽기 연습을 하면 글을 좀 더 정확하고 빠르게 읽을 수 있는 유창성을 기를 수 있습니다. 초등 1~2학년 시기에 읽기 유창성이 제대로 다져지면 3학년부터 시작되는 독해 중심의 글 읽기를 좀 더 수월하게 진행할 수 있습니다.

　만일 아이가 어떤 문장을 제대로 띄어 읽지 못했다면 그 이유를 적고, 아이의 발음이 정확하지 않았다면 어떤 단어를 어떤 식으로 발음했는지 꼼꼼하게 기재하도록 합니다. 다음의 예시를 참고해봅시다.

초등 2학년 1학기 국어-가 '자신있게 말해요' 중

오류 문장	오류 내용 및 지도
쌩쌩 달리는 자동차가 무서워서 찻길을 건널 수가 없었거든요.	'찻길'을 [차낄]로 이어서 읽지 않고, '찻(쉬고)길'로 읽음.
나도 위험할 뻔했다고.	'나도(쉬고)위험할(쉬고)뻔했다고'로 읽음. 의미 중심으로 '나도(쉬고)위험할뻔(쉬고)했다고'로 읽도록 지도함.

　이렇게 구체적으로 적은 이후에는 아이가 글을 읽을 때 기존에 범했던 오류를 또다시 범하는지 확인하면서 아이의 읽기를 평가하도록 합니다.

　피드백 전 부모가 인지해야 할 것이 있습니다. 글을 정확하게 읽지 못하는 아이들은 이미 읽기에 부담감을 느끼며 자신감이 저하되어 있는 상태라는 것입니다. 그런 아이들의 경우 똑같은 실수를 하더라도 아이가 스스로 교정할 수 있을 때까지 인내심을 갖고 기다려주어야 합니다. 천천히 읽어도 좋으니 제대로 띄어 읽고, 정확하게 발음할 수 있도록 도와주어야 하죠. 그것을 잘해냈다면 다른 책을 통해 앞의 과정을 반복해서 지도하면 됩니다.

🔍 낱말 카드를 활용해 복습하기

함께 학습한 책이 3권 정도 된다면 이때부터 낱말 카드를 다시 활용해서 복습하도록 합니다. 직접 소리 내어 읽는 과정을 거듭 반복할수록 읽기 유창성이 좋아지므로 함께 읽은 책이 3권씩 쌓일 때마다 이 활동을 진행하도록 합니다.

이때, 조금 귀찮기는 하더라도 낱말 카드를 다시 만들어보는 것이 좋습니다. 기존에 함께 적었던 발음 기호는 따로 적지 않고 단어만 적는 것입니다. 예를 들어 앞에서는 '악어[아거]'라고 적었다면 복습 시간에는 '악어'만 적는 것입니다. 만약 낱말 카드를 다시 만드는 과정이 번거롭다면 낱말 카드를 처음 만들 때 발음 부분은 연필로 적고, 복습 활동을 할 때 그 부분을 지우개로 지워보는 것도 좋은 방법입니다.

아이가 다양한 낱말 카드 중 '악어'를 골랐다면 단어를 직접 정확하게 소리 내어 읽은 뒤, '악어'라는 단어가 속해 있는 그림책을 가져와서 해당 문장을 다시 한번 큰 소리로 정확히 읽도록 지도합니다.

앞의 과정과 마찬가지로 제대로 발음하지 못했던 단어나 문장은 정확한 이유를 적어두고, 복습할 때 그 부분을 먼저 체크하고 잘못된 부분을 교정해주도록 합니다. 읽기 유창성을 기르는 데 있어서 꾸준한 듣기와 반복해서 읽기만큼 좋은 것은 없습니다. 그러므로 과정이 수고로울지라도 가정에서 꾸준히 반복적으로 지도해야 합니다.

📖 정확성 테스트 놀이 `권장 학년: 1~2학년`

🔦 틀린 글자 찾기

틀린 글자 찾기는 부모와 아이가 역할을 바꿔서 진행하는 활동으로, 부모가 책을 읽고 아이가 부모의 정확성을 평가하는 것입니다. 이 활동을 진행할 때 '정확하게 소리 내어 읽기' 활동 시 사용했던 그림책과 말놀이할 때 썼던 종을 활용하면 됩니다. 부모가 책을 읽을 때 아이가 집중해서 듣다가, 부모가 틀리거나 유독 더듬거리는 부분, 발음이 불분명할 때 종을 치는 것입니다. 앞서 정확한 발음과 띄어 읽기를 충분히 반복 연습했던 책을 활용하면 아이에게도 이 활동이 그리 어렵지 않게 다가올 것입니다.

이 활동을 자주 하면 아이는 억양을 살려서 의미 중심 단위로 띄어 읽는 법에 익숙해지게 되고, 글에 더 잘 집중할 수 있게 되며,

글 내용을 쉽게 이해할 수 있게 됩니다. 그렇기에 이 활동을 할 때는 단순히 부모가 틀린 부분에서 종을 치고 끝나는 게 아니라 어떤 부분을 어떻게 틀렸는지 아이가 직접 피드백하도록 해야 합니다. 그러고 나서 부모가 틀렸던 부분을 아이가 다시 한번 큰 소리로 읽어보도록 합니다. 읽기 유창성을 기르기 위해 이 활동을 꾸준히 하는 것이 좋습니다.

초등 1학년 2학기 국어-나 〈사자의 지혜〉 중

> 넓고 푸른 초원에 아주 많은 동물이 모여 살았어요.
> 많은 동물이 모여 살기 때문에 다툼도 많았어요.

○○아, 오늘 엄마랑 틀린 글자 찾기 놀이 하자!

네, 좋아요, 엄마.

오늘은 어떤 책으로 틀린 글자 찾기 놀이를 해볼까?

엄마, 오늘은 〈사자의 지혜〉로 해봐요!

그래, 엄마가 한번 읽어볼게. 잘 들어봐. 넙꼬 푸른 초원에~

(종을 치면서) 엄마 '넙꼬'를 틀렸어요.

넙꼬라고 읽는 것 아니야?

저번에 우리 이거 읽을 때 '널꼬'라고 읽었잖아요.

아, 맞아! 받침에 'ㄹ'과 'ㅂ'이 같이 있는 '넓다'는 'ㄹ'로 소리 났었지! 그럼 'ㅂ'으로 소리 났던 건 뭐가 있었지? 이것도 저번에 같이했던 것 같은데 엄마가 기억이 안 나네.

'밟다'가 있었어요! 그래서 '똥 발지 마세요.'라고 읽지 말고 '똥 밥지 마세요.'라고 읽으라고 했던 게 기억나요.

📖 오늘의 미션 3단계

권장 학년: 1~2학년(1~2단계), 1~6학년(3단계)

오늘의 미션은 다양한 카드를 활용해서 새롭게 만든 글자와 단어, 문장을 정확하게 소리 내어 읽는 활동입니다. 다음 과정을 순서대로 진행하거나 1~3단계를 섞어서 활용해도 됩니다.

🔍 1단계: 자음, 모음 카드 활용하기

처음에는 자음, 모음 카드를 활용해서 다양한 단어를 만들며 정확하게 읽는 활동부터 시작합니다. 이때의 자음, 모음 카드는 앞에서 사용했던 것을 다시 사용하면 됩니다. 받침이 없는 자음+모음 결합부터 진행한 뒤, 차츰 자음+모음 2개의 조합 혹은 자음 2개+모음 1개의 조합 등 다양한 글자를 만들어서 아이가 자신이 직접 만든 글자를 정확하게 읽는 것입니다.

자음, 모음 결합 예시

받침이 없는 자음+모음 결합	가, 나, 다, 라 등
자음+모음 2개의 결합	과, 왜, 뷔, 쇠 등
자음 2개+모음 1개의 결합	각, 납, 삭, 박 등

💡 2단계: 단어 활용하기

자음과 모음 카드를 활용해서 결합한 여러 글자를 정확하게 소리 내어 읽었다면 이제는 단어를 활용해서 테스트하면 됩니다. 여기에서는 국어 교과서에 나온 단어와 정확하게 소리 내어 읽기 지도 시 활용했던 그림책 속 단어를 활용하면 됩니다. 자음, 모음 카드 활용 단계와 마찬가지로 다양한 단어가 적힌 카드 중 하나를 꺼낸 뒤 아이가 정확하게 소리 내어 읽도록 하는 것입니다. 아이가 다른 말로 대체해서 읽거나 발음이 불분명했던 단어는 반드시 체크하고, 다음 테스트 놀이 때 다시 한번 발음할 기회를 주도록 합니다.

💡 3단계: 문장 활용하기

문장도 단어와 마찬가지로 교과서에 나온 문장과 동화책에서 나왔던 문장을 골고루 활용하면 됩니다. 문장 활용 단계에서는 아이의 정확한 발음뿐만 아니라 띄어 읽기를 제대로 하는지도 확인해야 합니다.

다만 초등 저학년 시기는 의미 중심의 띄어 읽기가 제대로 되지 않을 수 있으므로 어절 단위의 띄어 읽기까지는 허용해주어야 합니다. 소리 내어 읽기 과정 중 아이가 어려워했던 문장 위주로 카드에 적은 뒤 자주 테스트를 하면서 여러 번 발화할 기회를 주는 것이 좋습니다.

문장 활용 단계에서는 아이들이 자주 헷갈리는 단어를 활용한 문장을 넣어서 테스트해보는 것도 좋습니다. 예를 들어 '주전자가 (끓고/끌고) 있습니다.'라는 문장을 카드에 적어서 아이에게 알맞은 말을 고르라고 한 뒤, 두 단어의 차이점을 이야기해보라고 하는 것이죠. 그다음에 올바른 단어를 활용해서 해당 문장을 정확하게 읽도록 지도하면 됩니다. 이 예시 외에도 아이들이 헷갈릴 법한 단어를 잘 활용하면 됩니다.

유형 ②
모르는 어휘가 너무 많아요

읽기와 어휘력은 서로 밀접한 관계에 있습니다. 어휘력이 뒷받침되지 않으면 글의 의미를 제대로 이해하지 못할뿐더러, 실생활에서 다양한 어휘를 사용할 수도 없죠. 어휘력이 부족한 아이들의 첫 번째 문제점은 현재 학년 수준의 책이나 교과서를 제대로 읽지 못한다는 점입니다. 여기서 글을 읽지 못한다는 의미는 한글 글자 자체는 읽을 수 있더라도 그 의미를 제대로 해석하지 못한다는 뜻입니다. 어휘 공부를 제대로 하지 않으면 현재 학년 수준의 글을 읽어 노 모르는 난어가 많을 수밖에 없습니다. 특히 이 유형은 초등 진학년 아이들 사이에 빈번하게 나타나는 경우 중 하나입니다.

두 번째 문제점은 글을 전혀 다른 의미로 해석하게 된다는 것입니다. 예를 들어 글 속에 '조화'와 '대립'이라는 단어가 나왔을 때 '조화'를 단순히 '가짜 꽃'으로 해석하는 것과 같은 경우입니다. 만일 어휘 공부를 열심히 한 아이라면 글 속에 나오는 '대립'이라는 단어를 통해 '조화'의 뜻을 '서로 잘 어울림'의 의미로 이해할 수 있지만, 어휘력이 부족한 아이들에게는 동음이의어를 바르게 유추하는 것이 상당히 어렵게 느껴집니다. 단어를 엉뚱하게 해석하는 것은 과목 수가 증가하고 분량이 있는 책을 읽기 시작하는 초등 3학년 이후부터 종종 일어나는 문제점입니다.

마지막 문제점은 평가의 어려움을 겪는다는 것입니다. 초등학교에서는 한 단원이 끝날 때마다 아이들이 제대로 공부했는지 알아보기 위해 단원평가를 진행합니다. 어휘 공부를 열심히 한 아이들은 주어진 평가 시간 안에 문제를 이해하고 정답을 찾아내지만, 어휘력이 부족한 아이들은 평가 시간 내내 문제나 지문, 문항에 나온 단어의 뜻을 물어보느라 정신이 없습니다. 그래서 늘 문제의 뜻을 이해하는 데 많은 시간을 허비하느라 마지막 문제까지 풀지 못하고 시험지를 제출하곤 하죠. 이러한 경우 역시 단원평가를 진행하는 초등 3학년 이후부터 빈번하게 일어나는 문제입니다.

하나의 문장은 다양한 어휘로 구성되어 있습니다. 그렇기에 어휘력이 곧 글을 제대로 이해할 수 있는 기본 밑바탕이라고 해도 과언이 아닙니다. 따라서 공부 기초 체력을 향상시키려면 반드시 초등 저학년 때부터 어휘 학습을 꾸준히 해야만 합니다. 어휘력이 길러질수록 책 읽기 및 교과 공부에 대한 자신감이 생기며, 모르는 단어보다 알고 있는 단어가 훨씬 많기에 몰입 독서가 가능해집니다. 몰입 독서를 자주 할수록 책 읽기는 즐거운 활동이 됩니다. 어휘력을 잘 기르려면 글을 읽을 때 모르는 단어를 체크하며 그 뜻을 이해하려고 노력하는 습관을 들여야 하고, 더불어 한자 및 어휘 학습과 관련된 다양한 놀이 활동을 함께하는 것이 좋습니다.

📖 단어의 기본인 한자와 친해지기

교과 공부를 잘하려면 글을 잘 이해해야 하고 글을 잘 이해하려면 글 속에 포함된 단어를 알아야 합니다. 그런데 초등학생 아이들의 교과서를 살펴보면 중요하게 익혀야 할 개념을 포함하여 글 내용의 90% 이상이 한자어로 구성되어 있습니다. 한자를 모르고 글을 완벽하게 이해한다는 건 불가능한 일이죠. 한자를 잘 모르고 단순히 책만 열심히 읽는 것은 단지 글씨에 많이 노출된, 수박 겉핥기식 책 읽기에 불과합니다.

한자 공부를 일찍 시작해야 하는 이유는 생소한 단어를 접하더라도 당황하지 않고 자신이 알고 있는 한자어에 대입해서 단어의 의미를 빠르게 유추해내는 능력을 기르기 위함입니다. 예를 들어 과학책을 읽으며 '어류'라는 말을 처음 접하게 되었을 때 아이가 이미 '물고기 어(魚)'라는 한자를 알고 있다면 이를 바탕으로 '어류'가 물고기와 관련된 단어라는 것을 빠르게 파악해낼 수 있습니다.

특히 개념이 복잡하고 어려워지는 중고등학교 공부부터는 광범위한 글을 읽으며 그 내용을 재빠르게 이해하는 것이 중요합니다. 그러니 글을 읽다가 막히는 부분이 생겼을 때 해당 단어의 한자어를 통해 뜻을 짐작할 수 있는 능력을 길러야만 합니다. 이런 능력을 기르려면 한자의 기본기가 탄탄하게 형성되어 있어야만 하며, 그 기본기를 꾸준히 기를 수 있는 시기가 바로 초등 6년입니다. 초등학교, 중학교, 고등학교 중 다양한 경험을 할 수 있는 시간적 여유가 충분한 때는 단연 초등 시기입니다. 교과 학습량 또한 초등 시기

한자어 표시 예시

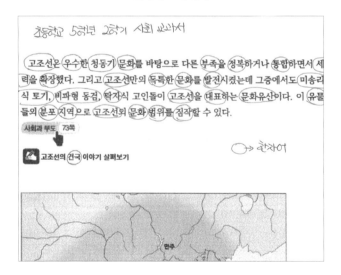

가 좀 더 여유가 있으므로 초등 시기에 반드시 다양한 한자어를 익히기 위해 노력해야 합니다. 다만, 한자어는 단순히 정독이나 다독을 한다고 해서 저절로 익혀지는 것은 아니므로 다음과 같은 활동을 꾸준히 하면서 공부하는 것이 좋습니다.

🔍 나만의 한자 사전 공책 만들기

한자 사전 공책 만들기는 새롭게 알게 된 단어의 한자와 그 뜻을 하나하나 정리하는 활동입니다. 이렇게 공책에 정리한 한자어를 다른 글에서 접하게 되면 그 뜻을 쉽게 떠올릴 수 있고, 글 내용을 빠르게 이해할 수 있습니다.

이 활동은 한자의 뜻을 알아보되, 그 원리를 한자의 상형 문자를 활용해서 익히는 학습입니다. 아이들에게 친숙하지 않은 한자를 억지로 외우게만 하면 아이들은 기억해내기 힘들어 하죠. 그러니 새롭게 알게 된 단어와 관련된 한자를 하나하나 직접 적어보면서 왜 이런 모양으로 되었을지, 왜 그 뜻이 되었을지 스스로 생각하고 고민해보아야 합니다.

이 활동을 할 때는 아이가 한자 모양을 보면서 자유롭게 생각하며 자신만의 의미를 부여하는 것을 허용해야 합니다. 자신의 생각을 한자 사전 공책에 함께 정리하면 시간이 지난 뒤에도 그 한자를 좀 더 쉽게 떠올릴 수 있죠. 교과서에 나온 단어 중 이해되지 않는 단어를 활용해서 이 활동을 해도 좋고, 어린이 국어사전 뒤의 부록인 '기초 한자'를 시간 날 때마다 들여다보면서 활용해도 좋습니다.

한자 사전 공책 예시

한자	왜 이런 모양일까?
巨(클 거)	이건 마치 크게 '아' 하는 것 같다. 입을 크게 벌리고 있는 모양처럼 보여서 '클 거'라고 표현한 것 같다.
間(사이 간)	가운데에 식탁이 있고 양옆에 사람이 서 있는 모양 같다. 식탁이 두 사람 사이를 가로막고 있어서 '사이 간' 같다.

새로운 단어 만들어보기 권장 학년: 3~6학년

이 활동은 한자어를 익힌 뒤 다양한 방법으로 두 글자나 세 글자를 연결해서 새로운 단어로 만들어보는 것입니다. 재미있게 활용할 수 있는 방법으로는 첫 글자만 연결해보기, 끝글자만 결합해보기, 끝글자와 첫 글자 결합해보기 등이 있습니다. 예를 들어 첫 글자만 연결해보기는 '학교'와 '필통'의 한자를 익힌 뒤, 학교의 '학'과 필통의 '필'을 합쳐서 '학필'을 만들어보는 것입니다. 끝글자만 연결해보면 학교의 '교'와 필통의 '통'을 연결해서 '교통'이라는 단어를 만들 수 있습니다. 마지막으로 '학교'의 끝글자 '교'와 '필통'의 첫 글자 '필'을 결합함으로써 '교필'이라는 말을 만들거나, 반대로 필통의 끝글자인 '통'과 학교의 첫 글자인 '학'을 연결해서 '통학'을 만들어봐도 됩니다.

이런 식으로 이미 익힌 한자어를 다양하게 결합해서 그 의미를 스스로 이해하려는 과정을 통해 공부 기초 체력을 쌓을 수 있습니다. 초등학생 때부터 이런 활동을 꾸준히 하면 모르는 단어가 생길 때마다 국어사전을 찾기 전에 그 뜻을 먼저 생각해보는 습관을 기를 수 있습니다. 어떤 한자로 구성되어 있을지 스스로 생각해보고 해석한 후, 자신이 이해한 뜻이 맞는지 확인하는 데 국어사전을 활용하면 됩니다. 이렇게 해야만 새로운 단어를 좀 더 깊이 있게 이해할 수 있고, 어렵고 낯선 책을 접해도 피하지 않고 스스로 읽을 수 있으리라는 자신감도 생길 수 있습니다.

🔍 한자 독후감 쓰기 `권장 학년: 3~6학년`

한자 독후감 쓰기는 오늘 읽었던 책 중 이미 알고 있는 한자어가 속한 문장을 골라서 그 부분만 한자로 적어보는 활동입니다. 이 활동을 하면 글을 읽을 때 아이는 자신이 알고 있는 한자어가 있는지 확인해야 하므로 좀 더 집중해서 읽을 수 있다는 장점이 있습니다. 예를 들어 3학년 2학기 국어-가 4단원에 나오는 〈진짜 투명 인간〉을 읽고 난 뒤 한자 독후감 쓰기를 할 때 자신이 한자로 표현할 수 있는 단어가 속한 문장이 무엇인지 먼저 찾아봅니다. 오늘 적을 문장을 정했다면 그 문장을 그대로 따라 쓴 뒤, 바로 옆에 자신이 알고 있는 한자를 적으면 됩니다. 처음에는 한 문장에서 하나씩만 한자를 찾아 써보다가 점점 알고 있는 한자 어휘가 많아지면 2개, 3개씩 점차 늘려나가면 됩니다.

초등 3학년 2학기 국어-가 〈진짜 투명 인간〉 중

그대로 따라 쓴 문장
아저씨가 진짜 색깔을 볼 수 있으면 얼마나 좋을까요?

한자 독후감 쓰기 예시
아저씨가 진짜 色깔을 볼 수 있으면 얼마나 좋을까요?
▶ 위 문장에서 '색 색(色)'이라는 한자를 알고 있었다면 해당 부분만 한자로 직접 바꿔보면 됩니다. 이렇게 단 하나의 글자만 바꾸면 어렵지 않게 한자 독후감을 쓸 수 있습니다.

🔍 한자 일기 쓰기 〔권장 학년: 3~6학년〕

한자 일기 쓰기를 매일 하게 된다면 아이는 또 다른 학습 부담을 느낄 수 있습니다. 그러니 일주일에 2~3회 정도 실시하되, 이때도 역시 기존에 적었던 것처럼 일기의 일부분을 한자로 바꿔보면 됩니다. 이전에 썼던 일기장을 가져와서 한자로 바꾸고 싶은 부분을 찾아 표시한 뒤, 그 부분만 따로 한자로 바꿔 써보면 됩니다.

평소 한자에 익숙하지 않았던 아이들도 자신이 직접 적었던 일기의 일부 단어를 한자로 바꾸는 활동을 하다 보면 자신이 자주 쓰는 말의 대부분이 한자어임을 깨달을 수 있습니다. 그러면 아이는 한자 학습의 중요성을 스스로 느낄 수 있겠죠. 처음에는 일기에서 1개의 단어만 한자로 바꾸는 연습을 해보고 부모와 한자 공부를 함께하면서 한자로 바꿔 쓸 단어의 개수를 조금씩 늘리면 됩니다.

이 활동을 할 때 아이가 한자로 바꿔 써볼 단어를 직접 표시하도록 하는 것이 좋습니다. 만일 자신이 한자로 쓸 수 있는 단어에 동그라미 표시를 했다면 동그라미 개수만큼만 직접 한자로 쓰면 됩니다. 아이가 늘려야 할 한자 개수를 부모가 정해주면 아이에게는 부담이 될 수 있으므로 한자 일기를 쓸 때는 아이가 부담되지 않는 선에서 자율적으로 쓸 수 있게끔 지도해야 합니다.

한자 일기 쓰기 예시

오늘은 기분이 좋은 날이다. 오늘 학교에서 1교시 수업 시간에 손을 번쩍 들고 발표했다. 선생님이 나를 보고 칭찬하며 씩 웃어줬다. 다음에도 용기내서 발표해야겠다.

▼

오늘은 기분이 좋은 날이다. 오늘 學校에서 一교시 수업 시간에 손을 번쩍 들고 발표했다. 先生님이 나를 보고 칭찬하며 씩 웃어줬다. 다음에도 용기내서 발표해야겠다.

🔍 국어사전 병행하기   권장 학년: 3~6학년

한자어의 본뜻만 알고 있으면 쉽게 해석이 가능한 내용도 국어사전에는 2~3줄 정도로 길게 적혀 있는 것을 확인할 수 있습니다. 한자의 중요성을 알지 못하는 아이들에게는 한자 공부를 일부러 강요하기보다는 국어사전을 활용해 모르는 단어의 뜻을 찾도록 하는 것이 바람직합니다. 단어의 본뜻만 부모가 알려주거나 스스로 찾아봐도 좋습니다. 이런 경험이 쌓이면 아이는 국어사전에 적힌 내용이 한자의 본뜻보다 훨씬 길게 풀어서 적혀 있음을 자연스럽게 알게 되죠. 예로 '친구'를 국어사전에서 찾아보면 '나이가 비슷하거나 아래인 사람을 낮추거나 친근하게 이르는 말'이라고 나옵니다. 이를 한자 본뜻으로 풀어보면 '친할 친', '예(옛) 구'로, '오래 친한 사이' 정도로 빠르게 해석할 수 있습니다.

이처럼 국어사전을 통해 모르는 단어의 뜻을 살펴보면서 한자 공부를 병행한다면 나중에는 한자 본뜻만 빠르게 풀이해도 단어의 뜻을 이해할 수 있기 때문에 국어사전을 찾는 횟수가 현저히 줄어들게 됩니다.

🔍 고사성어 익히기   권장 학년: 5~6학년

한자가 들어간 고사성어를 공부하면 해당 한자의 뜻과 고사성어까지 덩어리째 학습할 수 있는 효과가 있습니다. 이때는 방금 익힌 고사성어의 문장과 관련된 상황을 아이의 경험에 빗대어 함께 공책에 정리해보거나, 관련된 일화가 나오는 책을 꺼내서 함께 읽어도 좋습니다.

아이가 한 일(一)자를 배우고 난 뒤 고사성어 공부 예시

① '한 일(一)'자가 들어간 고사성어 찾아보기: 일석이조(一石二鳥)
② 고사성어 뜻: 동시에 2가지의 이익을 볼 수 있다는 의미
③ 관련 일화: 오늘 엄마 설거지를 도와드린 뒤, 엄마에게 칭찬도 받고 용돈도 받아서 나에게는 일석이조였다.

📖 다양한 낱말 놀이 즐기기

이 활동은 공부 기초 체력을 형성하는 시기인 초등 1~2학년 때 할 수 있는 놀이와, 본격적으로 공책 정리를 시작하면서 교과 개념 공부를 해야 하는 초등 3~6학년 활동으로 나누어볼 수 있습니다. 공부에 집중하기 어려운 초등 저학년일수록 카드를 활용한 놀이를 통해 어휘력을 향상하는 것이 좋습니다. 그리고 학년이 올라갈수록 어떤 단어의 유의어나 반의어를 찾아보거나 글자의 초성만 본 뒤

무슨 단어일지 알아맞히는 활동을 병행하면 자연스럽게 어휘를 습득할 수 있습니다.

책을 읽거나 교과서 공부를 할 때 단어의 뜻을 익히고 그냥 넘어가는 것보다는 지금부터 소개하는 여러 가지 낱말 놀이를 통해서 2번, 3번 이상 복습하는 것이 좋습니다. 이런 활동은 아이에게는 놀이처럼 느껴질지라도 실제로는 좀 더 쉽고 효과적으로 어휘를 학습할 기회를 다시 한번 아이에게 제시해주는 셈입니다. 활동이 재미있을수록 학습에 대한 아이의 부담감이 줄어들 뿐만 아니라 단어를 기억할 수 있도록 도와주며 뇌의 신경 세포를 연결하는 시냅스도 확장됩니다. 또한 평소 공부에 대한 거부감이 심했던 아이들도 놀이를 통해 재미있게 학습할 수 있다는 장점이 있습니다.

🔍 어휘 카드 만들기 〔권장 학년: 1~2학년〕

어휘 카드 만들기는 초등 저학년 아이들이 새로운 단어를 익힐 때 활용하면 좋습니다. 다만, 저학년 아이들 특성상 집중할 수 있는 시간이 그리 길지 않으므로 활동 시간은 30분 정도가 적당합니다.

• 모르는 단어 표시하기

아이가 어떤 글을 읽을 때 해당 글에서 모르는 단어가 있다면 그냥 넘기지 않고 표시하는 습관을 초등 1학년 때부터 길러야 합니다. 방법은 간단합니다. 연필을 활용해서 모르는 단어에 동그라미 표시를 하거나 밑줄을 그으면 됩니다. 이렇게 먼저 표시를 해두고 제대로 학습한 단어는 나중에 지우개로 하나씩 지워나가는 것입니다. 교과서든 그림책이든 상관없습니다. 아이가 읽는 모든 글에 표시하도록 합니다.

만일 그림책을 읽고 난 뒤 모르는 단어가 3개 이상 있었다면 그 단어의 뜻을 함께 알아봅니다. 초등 저학년은 아직 국어사전 활용법을 잘 모르기 때문에 부모님과 함께 사전을 찾아보되, 한글 자음과 모음의 순서를 먼저 익히도록 합니다.

• 그림, 글 등으로 표현하기

A4 크기의 종이를 6칸으로 나눈 뒤 모르는 단어를 써서 카드를 만들어보는 방법도 있습니다. 글씨 쓰기가 서툰 아이들은 글 대신 그림으로 표현해도 좋습니다. 이 활동의 목적은 놀이를 통한 자연스러운 학습이기 때문에 부담을 주지 않는 것이 중요합니다. 만일 '불만'이라는 단어 카드를 만들려고 하면 불만족스러운 표정을 짓고 있는 모습을 카드에 그린 다음, 그 뒷면에 '불만'이라고 연필로 적습니다. 또는 단어의 뜻을 글로 풀어서 쓰게 된다면 앞면에는 '불만'이라고 적은 뒤 뒷면에는 국어사전에서 찾은 '불만'의 의미를 적으면 됩니다.

카드 앞면		카드 뒷면	
^^	♩	미소	4분음표
불만	재활용	흡족하지 않은 마음	못 쓰게 된 물건을 다시 사용하는 것
허공	만질만질하다	텅 빈 공간	말랑말랑하고 부드럽다

• 어휘 카드 활용하기

직접 만든 카드를 잘 정리한 뒤 '어휘 카드'라고 적은 통에 차곡차곡 넣어두고, 미리 여분의 종이를 잘라서 아이가 필요할 때마다 스스로 만들도록 하는 것이 좋습니다. 이때, 아이가 스스로 어휘 카드를 완성할 때마다 칭찬해주는 것은 필수입니다. 이제 완성된 카드를 이용해서 뜻을 알아보는 활동을 함께하면 됩니다.

방법은 간단합니다. 카드의 앞면에는 그림, 뒷면에는 그림에 해당하는 단어의 뜻을 적었기 때문에 앞면의 그림만 보면서 어떤 단어일지 알아보면 됩니다. 만일 앞면에 단어를 적고 뒷면에 그 뜻을 적었다면 앞면만 보고 단어의 뜻을 말해보거나 반대로 뒷면의 뜻만 읽은 뒤 단어를 맞히는 활동을 해도 됩니다.

🔦 매칭 게임

매칭 게임은 모든 학년이 함께 활용할 수 있는 놀이로써 활동 방법은 다음과 같습니다.

---

1. 색깔이 다른 종이를 준비합니다.
2. 예를 들어 파란 종이와 흰 종이를 준비했다면 파란 종이에는 이번에 새롭게 알게 된 단어를 적습니다.
3. 흰 종이에는 그 단어의 뜻을 적습니다.
4. 파란 종이와 흰 종이를 모두 뒤집습니다.
5. 순서대로 돌아가면서 파란 종이와 흰 종이를 하나씩 뒤집은 후 단어와 뜻을 맞게 고를 경우 종이를 가져갑니다.
   (만일 파란 종이에 '글감'이라고 적혀 있다면 '글을 쓰는 재료' 라고 적힌 흰 종이를 찾는 식으로 진행합니다.)
6. 종이를 많이 가져간 사람이 이깁니다.

매칭 게임의 활용은 무궁무진합니다. 위와 같은 방법으로 단어와 단어의 뜻을 찾아 매칭해보는 수도 있고 유의어와 반의어를 찾는 식으로 진행할 수도 있습니다. 파란 종이에 단어를 적은 뒤 흰 종이에는 그 단어의 유의어나 반의어를 적어서 매칭하는 것입니다.

초등 3학년 이후부터는 교과 개념 학습을 위한 놀이 활동으로 진행하면 됩니다. 3학년 때 처음 배우는 사회나 과학 교과와 관련된 개념 어휘 형성에 유독 어려움을 겪는 아이들은 교과 관련 어휘와 그 뜻을 카드에 적어 매칭하는 게임을 하면 됩니다. 가정에서 이런 식으로 매칭 게임을 자주 한다면 해당 교과 개념에 익숙해질 수 있으므로 굳이 애써서 외우려고 하지 않아도 놀이를 통해 교과 개념 지식을 습득할 수 있습니다.

🔍 초성 놀이 권장 학년: 3~6학년

초성 놀이는 자음을 활용한 놀이로, 글을 읽기 전 기본적으로 알아야 할 어휘를 파악하는 데 도움을 줍니다. 이 활동은 다양한 교과 개념을 익혀야 하는 초등 3학년 시기부터 시작하면 좋습니다. 처음에는 교과서를 활용하면서 시작하면 되고, 각 단원별로 범위를 정해 초성을 제시하면 됩니다. 교과서에 나온 단어들의 초성을 적고, 그 아래에 단어가 적혀 있는 쪽수를 힌트로 적어주면 됩니다.

초성 놀이는 아이가 새로운 단원을 시작하기 전에 하면 좋습니다. 오늘 아이가 학교에서 국어 1단원 수업을 마쳤다면 2단원을 학습하기 전에 집에서 미리 초성 놀이를 통해 2단원의 중요한 단어를 익히는 것입니다.

만일 국어 1단원 8쪽에 '불만'이라는 단어가 있었다면 'ㅂㅁ'이라고 적은 뒤, '힌트: 8쪽'이라고 적으면 됩니다. 초성 놀이를 하면서 모든 단어를 찾았다면 오늘 초성 놀이를 할 때 새롭게 알게 된 단어만 따로 어휘 공책에 정리하면 됩니다. 정리를 할 때는 공책을 세부적으로 나누는 것이 좋습니다. 국어 교과서에서 나온 단어는 '국어 어휘 공책'에 따로 정리하면 되고, 사회 교과서를 공부하며 알게 된 단어는 '사회 어휘 공책'을 만들어서 정리합니다.

초등 3학년 2학기 국어 어휘 공책 예시

단원	단어	뜻
2단원	토박이말	우리말에 본디부터 있던 말
	시기	질투하는 마음
	꽃샘추위	꽃이 피는 것을 시샘하는 것처럼 몰아닥치는 추위
	마른장마	장마이지만 비가 적게 오거나 오지 않는 것

위의 예시와 같은 식으로 분류해서 정리한 뒤 일주일에 1번씩 아이가 정리했던 공책을 초성 놀이에 다시 활용하는 수도 있죠. 공책을 세부적으로 나눌수록 좀 더 치밀하게 어휘력을 기를 수 있습니다. 특히 교과 초성 놀이 공책을 3학년부터 꾸준히 정리한다면 공책을 가끔씩 읽는 것만으로도 해당 교과 복습까지 할 수 있으니 일거양득인 셈입니다. 다음 예시를 참고하면서 단계별로 진행한 초성 놀이를 자세히 알아봅시다.

초등 5학년 2학기 사회 1단원 '옛사람들의 삶과 문화' 중

(제시한 쪽수는 임의로 설정한 것입니다.)

8쪽

이순신은 한산도 대첩에서 학익진 전법으로 일본 수군을 크게 물리쳤다. 학익진 전법은 학이 날개를 펼친 듯한 형태로 전선을 배치해 적을 공격하는 방법이다.

9쪽

학익진 전법이 성공하려면 아군이 탄 배와 적군이 탄 배 사이의 거리를 정확히 파악해 대포의 명중률을 높여야 한다.

10쪽

이순신은 수학을 이용해 적군의 배와의 거리를 정확히 파악했고, 조총의 사정거리인 50m 밖에서 대포로 적군의 배를 정확히 명중시켰다. 이 전법으로 이순신은 크게 승리할 수 있었다.

• 쪽수를 적으면서 시작하기

만일 오늘 읽을 글의 분량이 2~3장 정도 된다면 초성과 함께 해당 단어를 찾을 수 있는 힌트로 그 단어가 적혀 있었던 책 쪽수를 함께 적어주면 됩니다. 위의 예시인 초등 5학년 2학기 사회 교과서 내용 중의 일부를 활용해서 초성을 적어본다면 다음과 같이 적을 수 있습니다.

ㅇㅅㅅ ( )	ㅎㅇㅈ ( )	ㅎㅅㄷ ( )	ㅈㅂ ( )	ㅈㅅ ( )
힌트 : 8쪽	힌트 : 8쪽	힌트 : 8쪽	힌트 : 8쪽	힌트 : 8쪽
ㅁㅈㄹ ( )	ㄷㅍ ( )	ㅈㅊ ( )	ㅅㅈㄱㄹ ( )	ㅁㅈ ( )
힌트 : 9쪽	힌트 : 9쪽	힌트 : 10쪽	힌트 : 10쪽	힌트 : 10쪽

예시에서는 10개 정도를 소개했지만, 좀 더 어려운 단어가 많이 나올 때는 해당 단어를 학습할 수 있도록 칸을 더 추가해서 만들면 됩니다. 이렇게 미리 만들어놓은 뒤 놀이를 하면 아이는 초성에 해당하는 단어를 찾기 위해 집중해서 글을 읽게 됩니다. 모든 단어를 다 찾았다면 반드시 모르는 단어를 공책에 정리해야 합니다. 앞의 예시에 적힌 초성 중 '학익진', '전법', '조총' 뜻을 처음 알았다면 사회 초성 공책에 오늘 날짜와 함께 3개의 단어를 적고 그 뜻을 옆에 간략히 적으면 됩니다.

• 정리한 초성 공책으로 복습하기

각 교과서 어휘 공책에 정리한 단어들을 활용해서 또다시 초성 놀이를 할 수도 있습니다. 만약 '1단원에서 나왔던 단어로만 초성 놀이해보기'라고 주제를 정했다면 아이가 국어, 사회, 과학 공책에 적었던 1단원의 단어들로 초성을 만들어서 놀이하면 됩니다.

만일 공책을 보지 않은 채로 초성 놀이를 하게 되면 이 활동 자체에 부담감을 느낄 수 있으니 이때도 아이가 자신의 공책을 들여다보면서 자유롭게 찾을 수 있도록 지도해야 합니다. 이러한 공책 초성 놀이는 이미 익힌 내용을 복습하는 것이므로 아이가 단어 뜻을 자신만의 언어로 부모에게 간단히 설명해보는 시간을 갖는 것도 좋습니다. 사회 초성 공책에 '학익진'을 썼다면 학익진 뜻을 부모에게 간단히 설명해보는 것입니다. 여전히 단어의 뜻을 잘 알지 못한다면 그 부분만 공책에 표시한 뒤 다음 초성 놀이 시간에 복습할 기회를 제공합니다. 그러면 어휘력 신장에 도움이 됩니다.

📖 문장 짓기 권장 학년: 3~6학년

문장 짓기는 새롭게 알게 된 단어를 활용해서 문장을 만들어보는 활동입니다. 문장 짓기를 하면 공부 기초 체력 향상에 필요한 창의력과 상상력을 기를 수 있습니다. 추상적인 단어를 보며 적절한 문장을 만들기 위해 끊임없이 생각하며 사고를 확장하는 과정은 공부 기초 체력 향상을 위한 핵심 중 하나입니다. 단어 학습과 더불어 문장 짓기까지 함께한다면 새롭게 알게 된 단어와 그 단어를 활용해서 만든 문장까지 통째로 자신의 배경지식으로 활용할 수 있으므로 다양한 글쓰기에도 확대 적용할 수 있습니다.

🔍 공책을 활용한 문장 짓기 활동

• 그대로 따라 쓰기

이 활동은 책을 읽으며 새롭게 알게 된 단어가 들어간 문장을 통째로 공책에 베껴 쓰는 것입니다. 이때 단어 공부를 제대로 하기 위해서 공책을 반으로 접은 뒤 왼쪽에는 문장을 그대로 베껴 쓰고, 몰랐던 단어는 괄호를 사용해 비워둡니다. 그러고 나서 괄호에 들어갈 단어를 오른쪽 부분에 적는 것입니다.

사회책을 보면서 '어떤 곳에 직접 찾아가 조사하는 것을 답사라고 한다.'라는 문장을 베껴 쓴다면, 공책의 왼쪽에는 '어떤 곳에 직접 찾아가 조사하는 것을 (   )라고 한다.'라고 적으면 되고, 오른쪽 부분에는 빈칸에 들어갈 단어인 '답사'를 적는 것입니다.

그대로 따라 쓰기 예시

알게 된 문장	단어
어떤 곳에 직접 찾아가 조사하는 것을 ( )라고 한다.	답사
태양광 발전으로 ( ) 에너지를 생산해 판매한다.	재생

• 나만의 문장으로 변형해서 만들기

문장을 통째로 베껴 썼다면 이제 그 문장에서 새롭게 알게 된 단어를 활용해서 다음 예시처럼 한 문장으로 만들어봅시다. 이런

① 어떤 곳에 직접 찾아가 조사하는 것을 답사라고 한다.

▶ 나는 오늘 박물관에 가서 답사를 했다. ('답사' 단어를 넣어서 문장을 만듦.)

② 태양광 발전으로 재생 에너지를 생산해 판매한다.

▶ 풍력 에너지는 재생 에너지다. ('재생' 단어를 넣어서 문장을 만듦.)

식으로 단어를 활용해 문장을 만들면 아이가 단어의 의미를 보다 확실히 이해할 수 있게 됩니다.

• 오른쪽 가리고 복습하기

이 활동은 앞서 공책의 오른쪽에 적은 단어를 가리고 그동안 공부했던 어휘를 복습하는 방법입니다. 공책의 왼쪽에 단어가 들어가야 할 부분을 괄호로 남겨둔 이유는 복습할 때 해당 단어를 포함한 문장을 덩어리째 읽으면서 괄호 안에 들어갈 단어를 머릿속으로 떠올려보도록 하기 위함입니다. 공책의 오른쪽 부분이 보이지 않게 접어두거나 오른쪽 부분만 책으로 가려놓은 뒤, 왼쪽에 적힌 문장을 보며 괄호에 들어갈 단어를 아이가 스스로 생각해보도록 지도하면 됩니다. 만일 단어를 도저히 떠올리지 못한다면 해당 문장 옆에 동그라미 표시를 해두면 됩니다.

예를 들어 공책 왼쪽에 적었던 '태양광 발전으로 ( ) 에너지를 생산해 판매한다.'라는 문장을 여러 번 봐도 단어가 떠오르지 않는 다면 이 문장의 옆에 동그라미를 표시해두면 됩니다. 그러고 나서 빈칸에 들어가야 하는 '재생'이라는 단어를 잘 기억할 수 있도록 위 문장에 '재생'을 넣어서 2~3번 정도 반복해서 읽도록 합니다.

🔦 어휘를 활용한 문장 대화 나누기

문장 대화 나누기는 새롭게 익힌 어휘를 활용해 부모와 아이가 대화를 나누는 활동입니다. 이 활동을 매일 30분 정도씩 꾸준히 해 주면 어휘력 향상에 도움이 됩니다. 다음 예시처럼 단어를 활용해 서 번갈아가며 대화를 나누면 됩니다.

👩 오늘은 어떤 단어를 새롭게 알게 되었니?

🧒 오늘은 책을 보면서 '승리'를 새롭게 알게 되었어요. 그리고 사회 교과서에서 '과거' 라는 말이 나와서 '이미 지나간 일인가?' 하고 생각했는데 여기에서 나온 '과거'는 다른 의미였어요. 지금 우리가 시험 보는 것처럼 옛날에는 시험을 '과거'라고 했나 봐요.

👩 그래 맞아. 이제 '승리'와 '과거'를 넣어서 엄마랑 문장 만들기 놀이하자. 그럼 먼저 '승리'를 넣어서 문장을 만들어볼까?

🧒 오늘 여진이와 팔씨름을 했는데 내가 승리했다.

이번 올림픽 경기에서 대한민국이 3:2로 승리했다.

(→ '승리'라는 단어를 넣어서 문장 대화를 나눈 후, 새롭게 익힌 '과거'를 넣어서 문장 대화를 나눕니다.)

새롭게 알게 된 단어를 활용해 문장을 만들면 기존에 알고 있던 배경지식과 자신의 경험을 떠올리며 어휘 학습을 할 수 있습니다. 이 활동을 좀 더 응용해서 오늘 알게 된 단어를 모두 활용한 문장을 만들어보는 것도 좋습니다. 만일 부모가 만든 문장을 아이가 제대로 이해하지 못했을 때 해당 문장과 관련된 내용을 좀 더 자세히 이야기해주면 새로운 배경지식을 형성할 수 있습니다.

📖 어휘를 유추하는 습관 기르기 <small>권장 학년: 3~6학년</small>

다음은 어휘력 향상을 위한 아이의 유추하는 습관 길러주기입니다. 모르는 단어를 봤을 때 국어사전을 활용해서 단어의 뜻을 이해한 후 암기하는 것도 중요하지만, 학습량이 늘어날수록 매번 모든 단어를 이렇게 찾을 수는 없습니다. 그러니 중고등학교 공부를 대비하기 위해선 초등학생 때 미리미리 모르는 단어의 뜻을 유추해보는 습관을 길러야 합니다. 생각하는 힘을 잘 기르려면 초등 3학년 이후부터 다음과 같은 활동을 해야 합니다.

💡 N회독 (반복 읽기) & 형광펜 표시하기

첫 번째는 N회독 활동으로, 아이가 어떤 글을 읽든지 최소 2번 이상 읽도록 지도하는 것입니다. 처음 읽을 때는 한 번에 쭉 읽고, 두 번째로 읽을 때는 천천히 꼼꼼하게 읽으면서 모르는 단어가 있는지 점검하게 해야 합니다. 모르는 단어를 연필로 표시하면서 1번 읽었다면 바로 국어사전을 찾지 말고 자신이 표시한 단어기 무슨 뜻일지 먼저 생각해보도록 해야 합니다.

모르는 단어를 여러 개 표시했다고 해서 그날 모든 단어의 뜻을 다 알려고 할 필요는 없습니다. 다만, 단 1개의 단어라도 스스로 뜻을 유추해서 알아내는 과정이 중요합니다. 모르는 단어가 있다면 책을 여러 번 읽으면서 그 단어가 속한 문장을 좀 더 자세히 읽고, 뜻을 생각해보도록 해야 합니다. 이때 한자어를 열심히 공부한 아이는 자신이 알고 있는 한자의 본뜻을 다양하게 활용해 뜻을 알아내려 할 것이고, 한자를 잘 모른다면 앞뒤 문장을 다시 읽으면서 단어의 뜻을 유추하려고 노력할 것입니다. 단어 뜻을 유추하는 시간은 30분 이상 걸릴 수도 있고 1시간이 소요될 수도 있습니다.

아이가 이렇게 단어 뜻을 생각해보려 할 때 옆에서 부모가 자꾸만 재촉한다면 아이는 마음의 여유기 없어집니다. 그러니 방해하지 않고 기다려줘야만 아이는 스스로 단어의 뜻을 알아내려는 인내심을 기를 수 있습니다. 또한 오랜 시간 고민해서 단어 뜻을 이야기해도 그것이 틀릴 때가 있습니다. 이 경우에도 아이를 야단치거나 훈계하지 말아야 합니다. 대신 오랜 시간 생각한 것에 대해 칭찬을 많이 해주고, 왜 단어의 뜻을 그렇게 유추했는지 아이의 생각을 들어볼 필요가 있습니다. 잘못 말했던 단어의 뜻은 아이의 이야기를 충분히 듣고 난 뒤 부모가 함께 알아봐주면 됩니다. 만일 단어가 한자어라면 한자의 본뜻을 알려준 다음, 단어 뜻을 알아보는 것이 좋습니다.

뜻을 파악하기 어려웠던 단어는 책에 형광펜으로 표시하도록 합니다. 그러면 다음번에 책을 읽을 때 그 문장을 정독하며 해당 단어의 뜻을 살피면서 문장의 의미를 정확히 파악할 수 있습니다. 이런 과정을 초등학생 때부터 꾸준히 경험할수록 스스로 생각해내는 힘을 기를 수 있으며, 어휘력 또한 키울 수 있습니다.

🔍 수수께끼 놀이

수수께끼 놀이를 할 때는 책 내용을 활용해도 좋고, 어떤 사물이나 대상을 떠올렸을 때 생각나는 것을 수수께끼 형식으로 질문해봐도 좋습니다. 수수께끼는 상대방의 질문을 통해 스스로 생각하며 대답하는 과정을 거치므로 자신이 알고 있는 단어를 총동원하여 떠올리게 됩니다. 또한 이 놀이를 통해 다시 한번 단어를 학습할 수 있어 어휘력 신장에도 도움이 됩니다.

책 내용을 활용한 수수께끼 놀이와 대상과 관련된 수수께끼 놀이는 다음 예시처럼 자유롭게 하면 됩니다. 특히 책 내용을 활용한 수수께끼 놀이를 할 때는 부모와 아이가 함께 뜻을 알아봤던 단어 위주로 진행하면 더더욱 좋습니다.

🧑 엄마가 수수께끼 하나 내볼게. 힌트는 최근에 우리가 먹었던 과일이야.

🧒 음… 그 과일이 무슨 색이었는데요?

🧑 초록색도 있고, 빨간색도 있는 것 같아.

🧒 그 과일 이름이 몇 글자예요?

🧑 과일 이름은 총 두 글자이고, 엄마가 초성 힌트를 주자면 힌트는 'ㄸㄱ' 야!

🧒 음… 그 단어는 바로 딸기예요!

🧑 맞았어!

🔍 단어 가리고 책 읽기

단어 가리고 책 읽기 활동을 할 때 필요한 준비물은 재접착풀입니다. 아이가 책을 1회독한 후, 2회독할 때부터 활용할 수 있는 방법입니다. 아이가 책 한 권을 읽으며 모르는 단어를 정리했다고 할지라도 제대로 복습하지 않으면 해당 단어를 떠올리기 어렵습니다. 그러니 단어를 억지로 외우게 하는 것보다는 같은 책의 몰랐던 단어만 가리고 회독 수를 늘리는 것이 좋습니다. 그렇게 하면 해당 단어가 속했던 문장도 덩어리째 학습할 수 있으니 아이 뇌의 장기 기억에 단어를 저장하는 데도 훨씬 도움이 됩니다.

단어 가리기 활동은 집에 있는 책이나 교과서를 활용해 진행할 수 있습니다. 3학년 2학기 국어 교과서 예시문을 참고로 가정에서 적용할 수 있는 방법을 설명하면 다음과 같습니다. 밑줄 그은 부분은 아이가 모르는 단어를 표시한 것으로 가정한 부분입니다.

초등 3학년 2학기 국어-가 〈날씨를 나타내는 토박이말〉 중

계절별로 날씨와 관련이 있는 토박이말을 알아보자. 토박이말은 우리말에 본디부터 있던 말이나 그것에 더해 새로 만들어진 말이다. 다른 말로 순우리말, 고유어라고도 한다. 봄 날씨를 나타내는 토박이말에는 '꽃샘추위', '꽃샘바람', '소소리 바람' 같은 말이 있다. 이른 봄, 꽃이 필 무렵에 찾아오는 추위를 꽃샘추위라고 한다. 여기서 샘은 시기, 질투라는 뜻이다.

밑줄 그은 단어들의 뜻을 먼저 학습하고 난 뒤 색종이나 포스트잇을 알맞게 잘라 재접착풀을 바른 후 밑줄 그은 부분 위에 붙여줍니다. 재접착풀은 흔히 사용하는 포스트잇처럼 잘 떨어지기 때문에 미리 여러 개를 만들어놓으면 계속 활용할 수 있다는 장점이 있습니다. 단어 뜻을 알고 난 직후, 다음 날, 일주일 후, 한 달 뒤의 순서로 단어가 가려진 문장을 낭독하며 뜻을 떠올리는 학습을 합니다.

단어 가리고 책 읽기 예시

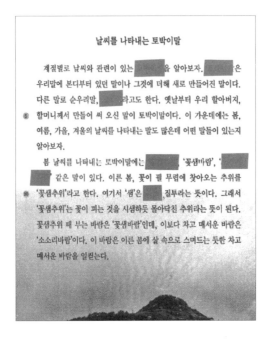

🔍 색종이&포스트잇 표시하기

여러 번 복습한다고 할지라도 단어의 뜻을 쉽게 떠올리지 못하는 경우에는 해당 단어만 포스트잇이나 색종이로 붙인 곳에 연필로 체크를 합니다. 포스트잇으로 단어를 가린 뒤 복습할 때 제대로 알아내지 못했던 단어가 있다면 그 포스트잇 위에 체크를 하는 것입니다. 예를 들어 앞의 예시에서 봄 날씨를 나타내는 토박이말인 '꽃샘추위'를 떠올리지 못했다고 가정해봅시다. 이때, 꽃샘추위 단어를 가렸던 색종이나 포스트잇 위에 체크하면 됩니다. 두 번째로 읽을 때도 꽃샘추위를 떠올리지 못했으면 마찬가지로 또 색종이나 포스트잇 위에 연필로 표시합니다. 만일 2회 이상 체크된 단어가 있다면 그 단어가 속한 문장을 2~3회 읽으면서 단어를 학습할 수 있도록 지도하면 됩니다.

📖 어휘를 활용한 이야기책 만들기

어휘를 활용한 이야기책 만들기 활동은 한 학기가 끝날 때마다 하는 것이 좋습니다. 한 학기가 끝날 즈음이면 아이가 단어를 정리한 공책이 제법 쌓여 있기 때문에 복습하는 차원에서 해당 어휘들을 활용해서 직접 이야기를 만들어보는 것입니다.

요즘에는 책을 만들 수 있는 스크랩북을 인터넷에서 쉽게 구할 수 있으므로 원하는 크기의 스크랩북을 골라 이야기책을 만들어보는 방법이 있습니다. 물론 스크랩북이 아닌 집에 있는 A4 종이만으로도 충분합니다. 한 학기에 하나씩 이야기를 만들면 해가 바뀔 때마다 아이에게는 총 2권의 이야기책이 완성되는 셈이죠. 초등 1학년부터 꾸준히 이야기책을 만들기 시작하면 초등학교를 졸업한 뒤 완성된 이야기책이 무려 12권이나 됩니다. 한 학기 동안 공부했던 단어를 활용해서 자신만의 책을 만들면 아이는 그 단어들을 절대

잊을 수 없습니다. 이야기책 만드는 방법은 다음과 같습니다.

🔍 1단계: 쓰고 싶은 단어 개수 정하기

먼저 한 학기 동안 정리했던 공책과 낱말 카드 등을 모두 가져와서 쓰고 싶은 단어의 개수를 정합니다. 만일 10페이지가 되는 스크랩북이라 가정했을 때 1페이지당 하나의 단어가 들어가도록 이야기를 만든다면 총 10개의 단어를 사용하는 셈입니다. 이렇게 이야기책에 들어갈 단어의 개수를 정했다면 지금까지 정리했던 공책을 살피면서 내가 넣고 싶은 단어를 생각합니다.

초등 3학년 이후부터는 그동안 차곡차곡 정리했던 공책에서 단어를 정하면 되고, 공책 정리가 익숙지 않은 저학년 아이들은 한 학기 동안 공부했던 교과서나 재미있게 읽었던 그림 동화책에서 단어를 고르면 됩니다. 초등 3학년 이후부터는 아이와 부모가 함께 고른 단어로 이야기책을 각자 만들어보는 것이 좋습니다. 만약 아이와 부모가 함께 10개의 단어를 골랐다면 그 단어를 활용해서 아이도 문장을 만들고 부모도 문장을 만들어보는 것입니다. 다만, 초등 1~2학년 아이들은 문장을 만드는 것이 어려울 수 있으므로 부모가 함께 문장을 완성하고 이야기책을 만드는 것이 좋습니다.

같은 단어로 이야기책을 만든다 해도 부모와 아이의 경험과 배경지식이 다르기 때문에 색다른 내용이 나올 수 있습니다. 그렇기에 아이는 부모가 쓴 문장을 보면서 단어를 좀 더 깊이 있게 알 수 있을 뿐만 아니라 좀 더 넓은 시각으로 단어를 이해하는 데 도움을 받을 수 있습니다.

🔍 2단계: 생각 그물망 활용하기

내가 적고 싶은 단어를 모두 나열했다면 이제 그 단어에 알맞은 문장을 만들어보도록 합니다. 이때는 생각 그물망 활동인 '브레인 스토밍'을 활용하면 좋습니다. 만일 단어 10개를 골랐다면 동그라미 10개를 그린 후 그 안에 아이가 선택한 단어를 적고, 동그라미 아래에 간단히 한 문장 정도만 적으면 됩니다.

이 작업을 하고 난 뒤 이야기 흐름을 완성할 수 있도록 문장을 재배치해보도록 합니다. 만일 아이가 새로운 문장을 완성하기 힘들어 하면 부모가 도와주거나 그 단어가 이미 나왔던 문장을 조금만 변형해서 만들어보도록 합니다. 예를 들어 '이건 누나 가방이에요.'라는 문장에서 '가방'이라는 단어를 활용한다고 가정했을 때, 완전히 새로운 문장을 만들기 힘들어한다면 글 속의 문장과 비슷하게 '이건 동생 가방이에요.'처럼 만들어보면 됩니다. 대신 이야기를 완성해야 하므로 알맞은 접속어를 사용하면서 이야기가 자연스럽게 전개되도록 지도합니다.

단어 10개를 사용한 생각 그물망 예시

가방

4
나는 가방을 메고
밖으로 나갔어요.

학교

1
오늘은 학교에
가는 날이에요.

교실

7
교실에 들어가니까
친구들이 2명
있었어요.

실내화

6
학교에 도착해서
실내화를 신었어요.

봄

3
겨울 방학이 끝나고
벌써 봄이 왔어요.

부모님

2
부모님이 아침에
깨워줬어요.

동생

5
내가 나갈 때
어린 동생은
쿨쿨 자고 있었어요.

놀이터

8
학교 끝나면
놀이터에 가서
놀 생각이에요.

우산

10
우산을 가져오지
않아서 걱정되었어요.

비

9
갑자기 비가 오기
시작했어요.

예시를 보면 문장의 앞에 숫자가 적혀 있습니다. 이 숫자는 이야기 전개 순서를 의미하며, 그 순서대로 문장을 나열해보면 다음과 같은 이야기책을 완성할 수 있습니다. 앞의 내용을 토대로 글이 자연스럽게 전개되도록 접속어를 적절히 사용한 것입니다.

이야기책 내용 예시

오늘은 학교에 가는 날이에요. 그래서 부모님이 아침에 깨워줬어요. 겨울 방학이 끝나고 벌써 봄이 왔어요. 나는 가방을 메고 밖으로 나갔고, 그때 어린 동생은 쿨쿨 자고 있었어요. 학교에 도착해서 실내화를 신고 교실에 들어갔어요. 교실에 들어가니 친구들이 벌써 2명 있었어요. 나는 학교 수업이 다 끝나면 놀이터에 가서 놀 생각이에요. 그런데 갑자기 창밖을 보니 비가 오기 시작했어요. 오늘 우산을 가져오지 않아서 걱정되었어요.

🔍 3단계: 그림과 함께 이야기책 완성하기

글의 흐름을 자연스럽게 만들었다면 마지막으로 문장에 어울릴 법한 그림과 접속어를 넣어서 이야기책을 완성하면 됩니다. 이야기 책을 완성하는 것으로 활동이 끝나는 것이 아니라 서로의 이야기 책을 낭독해보는 시간을 가져야 합니다. 다음과 같은 양식을 준비해놓고, 가족 구성원 중 누군가의 이야기책 낭독이 끝났다면 그 양식을 바탕으로 자유롭게 이야기하면 됩니다. 혹은 이야기책을 만든 사람이 가족 구성원들에게 이야기책과 관련된 문제를 내보는 것도 좋습니다.

이야기책 관련 질문 예시

Q. (읽기 전) 제목만 봤을 때 어떤 이야기일 것 같나요?

Q. 이야기 중 가장 재미있었던 부분은 어디이며, 그 이유는 무엇인가요?

Q. OO이가 만든 이야기 중 가장 인상 깊은 문장은 어디이며, 이때 활용한 단어는 무엇인가요?

Q. OO이의 이야기 중 새롭게 바꾸고 싶은 부분이 있다면 어떤 부분인가요?

이미지 책 만들기 예시

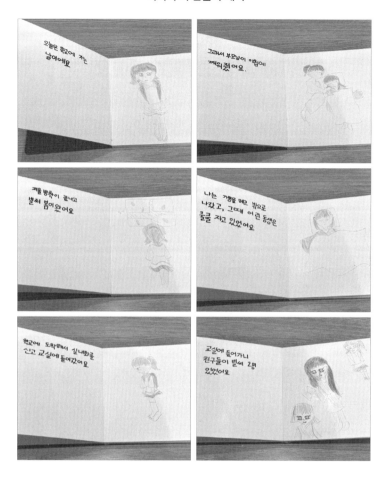

유형 ③
글을 꼼꼼하게 읽지 않아요

학년이 올라갈수록 공부해야 할 교과목 수가 많아지고 아이들이 읽는 책의 분량도 늘어나기 때문에 정독하며 읽는 습관을 들여야 합니다. 정독하는 습관이 제대로 길러지지 않은 아이들이 겪는 문제점은 다음과 같습니다.

첫 번째 유형은 독서는 꾸준히 하지만 중심 문장이나 주제를 제대로 파악하지 못하는 경우입니다. 특히 이런 문제는 읽을 분량이 많아지는 초등 3학년 시기부터 좀 더 두드러지기 시작합니다. 독서를 즐기는 아이라고 하너라도 핵심 내용을 알아내지 못한다면 글을 제대로 읽고 있는 게 아닙니다.

두 번째 유형은 한 권의 책을 제대로 읽지 못하는 아이입니다.

일정한 시간이 주어졌을 때 한두 권을 집중해서 읽는 것이 아니라 이 책 저 책 분주하게 바꿔 읽느라 정신없는 아이들이 이에 해당합니다. 이 유형은 초등 전학년 사이에 일어나는 문제이며, 이러한 아이들은 대부분 글이나 그림을 대충 파악한 뒤 빠르게 넘기며 글을 읽기 때문에 많은 책을 접해도 각 책의 내용을 물어보면 자세히 말하지 못합니다.

마지막 유형은 개념이나 핵심 내용은 잘 알고 있지만, 관련 문제를 풀면 자꾸만 틀리는 경우입니다. 교과서나 책을 통해 배운 개념에 대한 질문을 받으면 정확하게 대답할 수 있지만, 막상 문제를 풀어보면 자꾸만 틀리는 아이들이죠. 글을 꼼꼼하게 읽지 않는 습관이 문제를 풀 때도 그대로 적용되기 때문에 자신이 잘 알고 있는 내용임에도 불구하고 자꾸만 틀리는 실수를 범하게 되는 것입니다.

만일 아이가 이러한 문제점을 가지고 있더라도 음운론적으로는 문제가 없고, 글을 문장 단위로 쪼개 의미를 물어봤을 때 제대로 설명을 할 수 있다면 아이의 글 읽기 습관을 개선하는 데 목표를 두어야 합니다. 이런 유형의 아이들은 다음과 같은 방법으로 가정에서 매일 지도하는 것이 좋습니다. 시간이 오래 걸릴지라도 글을 꼼꼼하게 읽는 습관을 만들면 공부 및 독서 습관, 문제 해결 능력 등 공부 기초 체력 전반에 긍정적인 영향을 미칠 것입니다.

📖 같은 책 함께 읽기

같은 책 함께 읽기는 소리 내어 읽는 음독과 눈으로 읽는 묵독 2가지 방법을 병행하면 됩니다. 말 그대로 똑같은 책을 함께 읽는 다는 의미이므로 글을 읽은 후 내용을 함께 확인하고 서로의 의견을 들으며 글을 완벽히 이해하는 식으로 진행합니다.

글을 꼼꼼하게 읽지 않는 아이들은 묵독으로 독서를 할 때 눈에 잘 들어오지 않는 글씨는 읽지 않고 그냥 지나치는 경향이 있습니다. 특히 줄글로만 된 책을 볼 때는 더더욱 그렇죠. 이런 문제점을 파악하지 못한 아이가 같은 책 함께 읽기 활동을 하게 되면 그동안 느끼지 못했던 자신의 잘못된 글 읽기 습관을 점검할 수 있습니다. 또한 글을 꼼꼼하게 읽는 습관이 얼마나 중요한지 스스로 깨닫게 됩니다.

글을 꼼꼼하게 읽지는 않지만 평소 독서에 거부감이 없는 아이의 경우 국어 교과서 뒤에 나와 있는 권장도서를 활용하면 좋습니다. 권장도서는 각 학년 발달 수준에 알맞은 도서들의 목록으로, 그중에서 책 한 권을 선택해서 아이와 함께 읽기를 진행하면 됩니다. 그러나 아이가 책 읽기에 관심이 없고 하루에 30분도 책을 읽지 않는다면 평소 좋아하는 분야의 책 중 가장 읽기 쉬운 책을 골라 활동을 진행하면 됩니다. 이런 아이들은 독서 습관을 교정해주기보다 읽기에 흥미를 붙일 수 있도록 도와주는 것이 중요합니다. 읽기에 재미를 느끼지 못하면 같은 책 함께 읽기 시간이 학습의 부담으로 다가오기 때문입니다.

읽을 책을 정했다면 가장 먼저 소리 내어 함께 읽기 연습을 합니다. 방법은 2가지로, 똑같은 문장을 아이와 번갈아가며 읽기, 한 문장씩 이어서 읽기가 있습니다. 첫 번째 방법은 글을 읽을 때 좀 더 정확하게 읽는 연습을 할 수 있어 도움이 되고, 두 번째 방법은 자신이 읽어야 할 부분을 생각하며 들어야 하기 때문에 주의 집중력을 길러주는 데 도움이 됩니다. 다음 방법을 참고해봅시다.

국어 교과서 권장도서 예시

실린 단원(쪽)	제재 이름	지은이	나온 곳	참고
1단원 (6~7쪽, 18~24쪽, 붙임 2)	「훨훨 간다」	김용철	『훨훨 간다』, 국민서관(주), 2003.	그림 자료
1단원 (8쪽)	「수박씨」	최명란	『수박씨』, (주)창비, 2008.	
1단원 (8쪽)	「감기 걸린 날」	김동수	『감기 걸린 날』, (주)보림출판사, 2011.	그림 자료
1단원 (12~13쪽)	「꿀이래요」	손동연	『참 좋은 짝』, (주)푸른책들, 2004.	
1단원 (12~13쪽)	「꿀이래요」	성영란	『참 좋은 짝』, (주)푸른책들, 2004.	그림 자료
1단원 (16쪽)	「허수아비」	이기철	『나무는 즐거워』, (주)비룡소, 2007.	
1단원 (18~22쪽)	「훨훨 간다」	권정생	『훨훨 간다』, 국민서관(주), 2003.	
1단원 (24쪽)	「훨훨 간다」	권정생	『훨훨 간다』, 국민서관(주), 2003.	듣기 자료
1단원 (26~30쪽)	「형이 형인 까닭은」	선안나	『김용택 선생님이 챙겨 주신 1학년 책가방 동화』, 파랑새, 2003.	
1단원 (26~29쪽, 31쪽)	「형이 형인 까닭은」	강산	『김용택 선생님이 챙겨 주신 1학년 책가방 동화』, 파랑새, 2003.	그림 자료
2단원 (39쪽)	단원 도입	정순희	『바람 부는 날』, (주)비룡소, 2015.	그림 자료
3단원 (70~71쪽)	「의좋은 형제」	김경옥	『의좋은 형제』, (주)한국헤르만헤세, 2015.	그림 자료
4단원 (89쪽, 112~115쪽)	「아홉 살 마음 사전」	박성우	『아홉 살 마음 사전』, (주)창비, 2017.	

🔑 똑같은 문장을 번갈아가며 읽기

초등 3학년 2학기 국어-나 <거인 부벨라와 지렁이 친구> 중

> 부벨라는 거인이에요. 모든 사람이 부벨라를 무서워했는데 이 자그마한 목소리의 주인공만은 예외였어요. 부벨라는 발 근처 땅바닥을 자세히 들여다보았어요. 땅속에서 지렁이 한 마리가 고개만 빠끔히 내밀고는 말을 하고 있었어요. 이번에는 부벨라가 말을 시작했어요. "난 부벨라야. 네 이름은 뭐니?"
>
> "이제야 뭔가 제대로 되네. 나는 지렁이라고 해."

소리 내어 읽으며 서로의 발음과 잘못 읽은 부분 체크하기

👩 오늘은 무슨 책 읽을까?

👧 <거인 부벨라와 지렁이 친구>를 읽고 싶어요.

👩 그래, 그럼 당분간은 그 책으로 같이 소리 내어 읽어보자. 오늘은 엄마가 먼저 한 문장씩 읽을게. 내일은 네가 먼저 읽도록 하자.

👧 네, 엄마.

👩 (천천히 정확하게 발음하며) 부벨라는 거인이에요.

👧 부벨라는 거인이에요.

👩 모든 사람이 부벨라를 무서워했는데 이 자그마한 목소리의 주인공만은 예외였어요.

👧 모든 사람이 부벨라를 무서 했는데 이 자그만 목소리 주인공만 예외였어요.

아이가 따라 읽을 때 엄마는 아이의 소리를 들으면서 아이가 정확하게 발음하지 않은 부분이나 잘못 읽은 부분이 있는지 체크합니다. 예시의 경우, 아이가 발음하지 않았던 '무서워했는데'의 '워', '자그마한'의 '한', '목소리의'의 '의', '주인공만은'의 '은'에 체크하는 것입니다. 이후 함께 읽기를 다시 진행할 때 아이가 똑같은 곳에서 같은 오류를 범하는지 확인하면 됩니다. 다만, 이 과정에서 아이가 심리적 위축감을 느낄 수도 있으므로 아이가 알지 못하게 포스트잇이나 핸드폰에 간단히 책 쪽수와 해당 글자를 표시하는 것이 좋습니다. 반대로 엄마가 소리 내어 읽을 때는 아이가 엄마의 목소리를 들으며 잘못된 부분이 있는지 체크하도록 지도합니다.

글 내용 및 낱말 확인하기

(마지막까지 다 읽은 후)

🙍 이제 다 읽었네. 하나씩 읽으면서 어려웠던 낱말 있었어? 엄마는 '빠끔히'가 무슨 말인지 잘 모르겠네.

🧒 고개를 내밀었다고 했으니까 물고기가 입을 빠끔빠끔하는 모습처럼 내밀었다는 말일까요? (→ 함께 국어사전을 찾으며 설명이 맞는지 확인한다.)

🧒 엄마, 이제 내용 알아봐요. 부벨라가 누구를 만났지요?

🙍 음… 지렁이였지! 그 지렁이가 어디 있었지?

🧒 땅속에 있었어요. (→ 이렇게 서로 질문하며 이야기하면 된다.)

발음 교정 및 다시 읽기

👩 엄마가 읽을 때 놓친 부분이나 잘못 읽은 부분 있으면 알려주겠니?

👧 (책을 보며) 엄마가 '빠끔히'를 '빼끔히'라고 읽었어요.

👩 알려줘서 고마워. (→ '빠끔히'가 들어갔던 문장을 다시 읽는다.)

활동 시 주의사항이 있습니다. 책 한 권을 빨리 다 읽어버려야 겠다는 마음으로 서두르는 것보다는 글을 천천히 읽으면서 진행해야 합니다. 하루에 단 1페이지만 읽어도 괜찮으니 너무 많은 분량을 욕심내지 않는 것도 중요합니다. 처음에는 문장과 문장 사이 띄어 읽기에 신경 쓰며 활동을 진행하고, 점차 아이가 활동에 익숙해지면 의미 중심의 띄어 읽기로 진행하도록 합니다.

🔍 한 문장씩 이어서 읽기

이번에는 한 문장씩 이어서 읽는 방법입니다. 이 활동을 하면 부모가 글을 읽는 동안 아이가 부모의 말에 집중해야 하므로 아이의 집중력 강화에도 도움이 됩니다. 한 문장씩 이어 읽기의 가장 쉬운 규칙으로는 마침표까지만 읽는 방법이 있습니다. 이 방법으로 이어 읽기를 한다면 따옴표나 물음표, 느낌표 같은 문장 부호를 굳이 신경 쓰지 않고 마침표가 보이는 부분까지 읽으면 됩니다.

이 활동을 할 때도 마찬가지로 서로의 발음과 글 내용, 단어를 확인한 뒤에 다시 읽기를 진행하면 됩니다. 방법은 앞서 설명한 것과 동일하게 진행하면 됩니다.

활동 시 주의사항이 있습니다. 초등 1~2학년 아이들은 함께 읽기를 진행할 때 부모보다 훨씬 느린 속도로 읽을 수 있습니다. 이때 아이에게 빨리 읽으라고 재촉하기보다는 아이가 한 문장을 다 읽을 때까지 기다려주는 자세가 필요합니다. 또한 초등 3~6학년 아이들 중 학습 부진을 겪는 아이들 역시 읽기를 어려워할 수 있으니 이때도 마찬가지로 기다려주는 자세가 중요합니다. 이와 반대로 너무 빠른 속도로 글을 읽는 아이들이 있는데, 이런 경우는 부모의 속도에 맞춰서 천천히 읽도록 지도해야 합니다.

🔑 눈으로 읽는 묵독 읽기

묵독 읽기는 음독 읽기와 병행하면 더욱 좋습니다. 초등 2학년까지는 음독을 꾸준히 하고, 초등 3학년부터는 음독과 묵독을 번갈아 반복하며 읽는 식으로 훈련하면 됩니다. 초등 3학년부터는 학습량이 증가하기 때문에 묵독으로 글을 꼼꼼하게 읽으며 내용을 정확히 파악할 수 있어야 합니다.

묵독 읽기를 하는 날은 미리 읽을 분량을 정합니다. 그러고 나서 눈으로만 읽되, 자신이 읽고 있는 문장에서 의미 단위로 띄어 읽을 부분을 연필이나 볼펜으로 체크하고, 잘 모르는 단어에 동그라미

어려운 단어 및 띄어 읽기 표시 예시

거인 부삑라와 지렁이 친구

부삑라는∨거인이었어요.
모든 사람이∨부삑라를 무서워했는데∨이 자그마한 목소리의
주인공만은∨예의였어요.∨부삑라는∨발 근처 땅바닥을∨자세히
들여다보았어요.∨땅속에서∨지렁이 한 마리가∨고개만 빠끔히
내밀고는∨말을 하고 있었어요.
이번에는∨부삑라가∨말을 시작했어요.

"난 부삑라야.∨네 이름은 뭐니?"
"이제야 뭔가∨제대로 되네. 나는∨지렁이라고 해."

표시를 하면서 읽습니다.

미리 함께 읽기 단어 공책을 만들어서 책 제목으로 분류한 후, 정해진 분량을 묵독으로 읽으면서 몰랐던 단어를 공책에 정리하면 어휘 학습에 큰 도움이 됩니다. 이후에는 책을 확인하며 아이가 의미 단위로 띄어 읽기 표시한 부분을 보고 어떤 단어를 몰랐는지 함께 체크합니다. 그리고 소리 내어 읽기 활동에서 진행했던 것처럼 글 내용을 함께 확인하도록 합니다. 묵독 읽기를 진행한 다음 날 소리 내어 읽기를 진행한다면 체크했던 부분을 먼저 읽도록 합니다.

좀 더 효과적으로 함께 읽기를 진행하고 싶다면 부모가 미리 아이와 읽을 부분을 살펴보면서 아이가 발음하기 힘들 것 같은 문장이나 한번 짚고 넘어가고 싶은 부분을 체크해두는 것도 좋습니다. 그리고 부모가 일부러 그 부분을 틀리게 읽거나 아이가 모를 법한

단어가 무슨 뜻인지 모르겠다고 말하면서 아이 스스로 다시 한번 확인할 기회를 주는 것도 좋습니다.

특히 글을 대충 읽는 습관이 있거나 학습에 어려움을 겪는 아이들은 읽는 것 자체에 거부감이 있거나 항상 주눅이 들어 있기 때문에 부모가 틀리는 모습을 자주 보여주는 것이 좋습니다. 그러면 아이는 누구나 실수할 수 있다는 인식을 갖게 되고, 좀 더 자신감 있게 읽기 활동을 진행할 수 있습니다. 만일 부모가 모르겠다고 한 단어를 아이가 먼저 설명해준다면 아이는 뿌듯한 마음이 생기게 되고 이로써 학습에 대한 자존감을 높일 수 있습니다.

공부 기초 체력은 부모와의 긍정적인 상호 작용을 통해 꾸준히 향상될 수 있습니다. 따라서 이 점을 유의하며 활동을 진행한다면 아이의 공부 기초 체력은 물론 부모와의 정서적 유대감도 형성할 수 있을 것입니다.

📖 단어→문장→문단으로 읽기

이 방법은 글을 최대한 나눌 수 있는 만큼 세부적으로 나눈 후 꼼꼼하게 읽는 방법입니다. 특히 글을 대충 읽는 아이들은 한 문단씩 읽어버리거나 문단의 앞뒤 내용만 슬쩍 보고 넘겨버리는 경우가 많습니다. 하지만 긴 글이나 문학 작품은 한 문장이나 한 단어만 놓

쳐도 글의 맥락을 파악하기 어려운 경우가 많습니다. 그렇기에 글을 제대로 읽지 않는 아이들일수록 글을 세부적으로 나누고 그 의미를 하나하나 정확히 이해하는 연습을 할 필요가 있습니다.

이 활동을 시작하기 전에 단어, 문장, 문단에 대한 개념이 잡혀 있지 않은 아이들은 교과서나 책을 통해 기본 개념을 충분히 알려 준 후 시작하도록 합니다. 먼저 짧은 글에서 단어 찾기 연습을 한 뒤, 문단에서 문장 찾기 연습, 그리고 마지막으로 긴 글에서 문단 찾기 연습을 하면 됩니다.

초등 1학년 2학기 국어-가 〈돌잡이〉 중

우리 조상들은 아기의 첫 번째 생일에 돌잔치를 했습니다. 돌잔치에서는 맛있는 음식을 차려 나누어 먹고 돌잡이도 했습니다. 돌잡이는 아기가 여러 가지 물건 가운데에서 한두 개를 잡는 것입니다.

돌잡이 상 위에는 쌀, 떡, 책, 붓, 돈, 활, 실 등을 올려놓았습니다. 실을 잡는 아이는 오래 살 것이라고 생각했습니다. 책을 잡는 아이는 공부를 잘하게 될 것이라고 여겼습니다. 또 쌀을 잡는 아이는 부자가 될 것이라고 했습니다.

우리 조상들은 돌잔치를 하면서 아기가 건강하고 행복하게 자라기를 바랐습니다.

🔍 단어 찾기

단어는 뜻을 가진 가장 최소 단위의 말입니다. 단어 개념을 아이가 제대로 이해했다면 본격적인 단어 찾기 활동을 해보도록 합니다. 오늘 읽게 될 글에서 단어를 먼저 찾아보며 이 글이 무엇에 관한 글인지, 어떤 흐름으로 구성될지 등을 생각하며 읽도록 합니다. 앞의 지문 첫 번째 문단의 첫 번째 문장 '우리 조상들은 아기의 첫 번째 생일에 돌잔치를 했습니다.'에서 단어는 '조상', '아기', '생일', '돌잔치'입니다.

🔍 문장 찾기

문장 찾기는 각 문단에서 문장을 찾는 것입니다. 지문의 첫 문단을 살펴보면 '①우리 조상들은 아기의 첫 번째 생일에 돌잔치를 했습니다. ②돌잔치에서는 맛있는 음식을 차려 나누어 먹고 돌잡이도 했습니다. ③돌잡이는 아기가 여러 가지 물건 가운데에서 한두 개를 잡는 것입니다.' 이렇게 총 3개의 문장으로 구성되어 있습니다. 이처럼 단어가 모여서 하나의 문장을 이루며, 문장 부호가 끝나는 부분까지가 하나의 문장이라는 것을 자세히 설명하면 됩니다.

🔍 문단 찾기

문단을 헷갈려하는 아이에게는 글의 맨 앞이 한 칸 들어가 있는 부분부터 새로운 문단이 시작되는 것이라고 알려주면 됩니다. 그리고 글을 읽기 전, 들여쓰기 된 부분에 V표시를 하면 글이 총 몇 문단인지 파악하는 데 도움이 됩니다. 앞의 지문을 활용해보자면 한 칸 들어간 부분이 3군네이므로 총 3문단으로 구성되어 있음을 알려주면 됩니다.

이처럼 본격적인 글 읽기를 시작하기에 앞서 단어→문장→문단 순으로 글 읽기 활동을 하면 오늘 읽을 부분이 총 몇 문단으로 구성되어 있으며, 각 문단별로 문장은 몇 개가 있는지, 자신이 알고 있는 단어와 모르는 단어의 비율은 어느 정도인지 파악할 수 있습니다. 따라서 글을 읽기 전 반드시 단계별로 글의 요소를 나누어 확인하도록 지도해야 합니다.

이러한 과정을 거치지 않고 바로 글 읽기를 시작해버리면 어떻게 될까요? 글의 첫 장부터 아이가 이해하기 어려운 수준의 단어들로만 구성되어 있다면 아이는 또다시 글을 대충 읽게 될 것입니다. 혹은 그 책을 겨우 몇 장만 읽고 난 뒤에 다 읽었다고 생각해 넘겨버리거나, '나에게 어려운 책'이라는 선입견으로 그 책을 읽지 않게 되겠죠.

따라서 책을 읽기 전에는 이 책이 현재 아이의 수준으로 충분히 읽을 수 있는 책인지 확인하는 것이 중요합니다. 만일 그렇지 않고 아이가 어렵게 느낀다면 비슷한 분야의 좀 더 쉬운 책을 읽도록 지도하는 등 읽기 전략을 새롭게 구사해야 합니다. 현명하게 책을 고르는 전략 또한 아이가 글을 읽을 때 대충 읽지 않고 꼼꼼히 읽도록 도와주는 방법 중 하나입니다.

아이가 글을 꼼꼼히 읽지 않는 데에는 다양한 이유가 있지만 그중 하나가 바로 자신의 수준에 맞지 않는 책을 읽게 된 경험을 자주 했기 때문입니다. 그러므로 항상 단어→문장→문단으로 읽기 활동을 통해서 아이가 긍정적인 책 읽기 전략을 활용할 수 있도록 도와주어야 합니다. 이것이 공부 기초 체력을 형성하는 방법 중 하나임도 알아야 합니다.

밑줄 그으며 읽기 권장 학년: 3~6학년

밑줄 그으며 읽기 역시 깊이 있는 독서를 위한 활동입니다. 현재 교육 과정에서는 한 학기에 책 한 권을 여러 번 읽도록 권장하고 있습니다.

한 권을 읽더라도 깊이 있게 읽는 방법을 알게 되면 그 책과 관련된 배경지식을 좀 더 탄탄하게 형성할 수 있고, 밑줄을 그으며 여러 번 꼼꼼히 읽으면 책 내용을 온전히 자신의 것으로 만들 수 있게 됩니다. 특히 글을 대충 읽는 아이들은 여러 권을 읽었다 해도 진정한 의미의 다독을 했다고 말할 수 없습니다. 하지만 밑줄 그으며 읽기 활동은 단 한 권만으로도 가능하기 때문에 아이에게도 부담이 되지 않고, 다양한 책을 봤을 때보다 좀 더 심도 있게 이해할 수 있다는 장점이 있습니다.

밑줄 그으며 읽기는 총 3단계로 나눌 수 있습니다. 각 단계 모두 천천히 진행해도 되기에 평소 독서에 흥미를 느끼지 못했던 아이들도 적극적으로 참여할 수 있습니다. 이 활동을 거듭할수록 아이가 책에 대한 자신의 생각을 성숙하게 표현할 수 있으며, 주체적으로 생각하는 힘 또한 기를 수 있습니다.

🔍 연필로 밑줄 그으며 읽기

처음에는 연필로 살살 밑줄을 그으며 책을 읽고, 잘 이해되지 않는 문장이 생기면 좀 더 진하게 밑줄을 긋습니다. 이런 식으로 밑줄을 그으며 글을 읽고 난 뒤, 1회독이 끝났다면 다시 처음으로 돌아와서 진하게 밑줄 그었던 부분의 앞뒤 문맥을 생각하면서 어떤 의미일지 생각해서 읽습니다. 그러고 나서 그 부분을 어떻게 이해했는지 부모와 대화를 해보고 문장의 뜻을 완벽히 이해한 후 다음 페이지로 넘어가도록 합니다. 특히 내용이 글의 앞부분과 계속 연결되는 경우에는 앞부분을 이해하지 못하고 그냥 넘어가버리면 뒷부

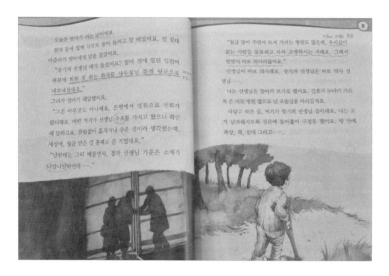

분 또한 알아들을 수 없게 됩니다. 그러므로 항상 글을 이해한 후 다음 분량으로 넘어가도록 해야 하며, 글을 완독했다면 나중에는 진하게 밑줄 그은 부분만 다시 읽으며 책 읽기를 마무리합니다.

🔦 형광펜이나 볼펜으로 밑줄 그으며 읽기

이제는 같은 책을 두 번째로 읽어볼 차례입니다. 다시 처음부터 글을 읽으면서 중심 문장, 중요한 문장 혹은 마음에 와닿는 문장에 밑줄을 긋습니다. 밑줄의 개수는 문단별로 1개 정도면 충분합니다. 2단계 활동을 하면서 책을 읽을 때는 이미 연필로 진하게 밑줄을 그었던 부분이 있기 때문에 아이는 자신이 어떤 부분을 어려워했었는지 재차 파악할 수 있습니다.

또한 책에 밑줄을 긋기만 하지 말고 책 하단이나 공책에 밑줄 그은 문장과 그 문장에 밑줄 그은 이유를 간단히 적어보면 도움이 됩니다. 이런 식으로 매일매일 한 문장씩 정해서 밑줄 긋기를 하면, 한 달이면 30개의 문장이 생기죠. 그리고 밑줄 긋기 공책에 문장을 꾸준히 정리하면 1년에 365개의 문장이 생깁니다. 이렇게 하면 글쓰기 실력이 향상될 뿐만 아니라 시간이 지난 후 다시 그 책을 읽었을 때 자신이 왜 그 부분에 밑줄을 그었는지 유추해볼 수 있고, 그 과정에서 사고력과 상상력이 확장됩니다.

볼펜으로 밑줄 그으며 읽기 예시

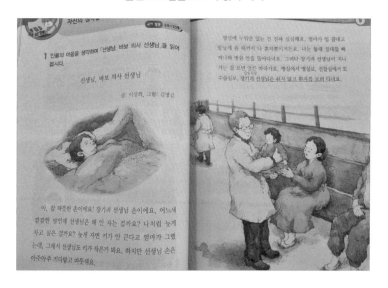

🔍 생각 공유하기

생각 공유하기는 아이가 밑줄 그은 문장을 이해하는 활동과 부모와 아이가 각자 자신에게 와닿았던 문장을 공유하는 활동으로 나눌 수 있습니다. 먼저 아이가 연필로 밑줄 그은 문장을 이해하는 생각 공유하기 활동을 하면 넘겨짚는 부분 없이 글을 정확히 이해할 수 있다는 장점이 있습니다. 다음 예시를 참고해봅시다.

초등 3학년 1학기 국어-가 〈민화〉 중

> 민화는 옛날 사람들이 널리 사용하던 그림이에요. 따라서 민화 속에는 우리 조상의 삶과 신앙, 멋이 깃들어 있어요. 민화가 여느 그림과 다른 점은 생활에 필요한 실용적인 그림이라는 것이에요.

🧒 저는 밑줄 그은 부분을, 민화가 벽에 붙어 있는 그림이 아니라 여기저기 가지고 다니면서 활용할 수 있는 물건이라는 뜻으로 이해했어요.

👩 엄마도 이 문장의 '실용적'이라는 단어 뜻을 다시 제대로 살펴봤더니 실제로 실생활에 사용한다는 의미가 포함되어 있어. 옛날 사람들이 민화를 행사나 의식 등에 다양하게 활용했다는 의미인 것 같아.

다음으로 형광펜으로 밑줄 그었던 부분에 대한 자신의 생각을 부모와 아이가 서로 공유하면 깊이 있는 독서가 가능해집니다. 아이는 부모와 자신이 똑같은 책을 본다고 할지라도 밑줄 그은 부분이 다를 수 있다는 점을 알 수 있습니다. 또한 같은 곳에 밑줄을 그었다고 해도 밑줄을 그은 이유가 사람마다 다를 수 있다는 것을 이해하게 됩니다. 부모의 말을 듣는 동안 아이는 '아, 맞아. 책에 저런 내용도 있었어. 그래서 엄마는 이 문장에 밑줄을 그었던 거구나. 나도 다음에는 저렇게 생각하면서 읽어봐야겠다.' 하고 깨달을 수 있습니다.

이렇게 생각 공유하기 활동을 자주 하다 보면 아이는 책 내용을 심도 있게 이해할 수 있으며, 책에서 배운 내용을 머릿속에 차곡차곡 저장할 수 있습니다.

초등 4학년 2학기 국어 〈사라, 버스를 타다〉 활용 예시

엄마, 저는 '너는 세상의 어떤 백인 아이 못지않게 착한 아이란다. 너는 특별한 아이야.'라는 문장에 밑줄을 그었어요. 흑인인 사라가 버스 뒷자리에 앉았어야 했는데, 버스 앞자리에 가서 경찰관도 왔잖아요. 만약 사라 엄마가 꾸짖고 혼냈으면 사라가 많이 속상했을 텐데 사라 엄마가 화내지 않고 너는 백인만큼 특별한 아이라고 이야기해준 점이 마음에 와닿았어요.

엄마도 똑같은 부분에 밑줄을 그었어. ○○이 말처럼 피부색을 떠나서 이 세상에 태어난 사람 중 귀하지 않은 사람은 한 명도 없단다. 엄마는 이 문장을 보면서 우리

○○이를 임신했을 때부터 낳을 때까지의 과정이 새록새록 떠올라 울컥했어. 그리고 사라가 겪었을 일을 생각하니 마음이 좋지 않았어.

엄마, 만일 사라 엄마가 사라를 혼냈으면 어떻게 되었을까요?

아마 사라는 용기 있는 소녀가 되지 못했겠지. 엄마에게 혼난 이후부터는 주눅이 들어서 버스가 오면 당연하다는 듯이 뒷자리로 가지 않았을까?

저도 그렇게 생각해요. 사라 엄마가 사라에게 용기를 줬어요. 저도 나중에 커서 엄마가 되면 사라 엄마 같은 엄마가 되고 싶어요.

생각 공유하기 시간에는 책 내용만 이야기하지 않고 좀 더 확장된 질문을 하며 대화를 나누는 것도 좋습니다. 예를 들어 『신데렐라』에서 신데렐라가 계모에게 구박받는 부분을 읽고 난 뒤 이렇게 대화를 나눠볼 수 있습니다. "계모는 왜 신데렐라만 괴롭혔을까?", "만일 언니들 중 착한 언니가 단 한 명이라도 있었으면 신데렐라는 어땠을까?", "이 다음에는 또 어떤 내용이 나올까?"

이처럼 자유롭게 상상하며 대화를 나눈다면 아이는 활동을 지루하게 느끼지 않을 수 있습니다. 독서 시간이 부모님과 재미있는 이야기를 나누는 시간으로 인식되어 독서의 또 다른 즐거움을 맛볼 수 있습니다.

🔖 시각화 활동과 연계하기

시각화 활동은 글을 통해 알게 된 내용을 그림이나 글로써 표현해보는 활동입니다. 아무리 공부 기초 체력을 탄탄하게 형성했다고 할지라도 한 번 읽은 책을 반복해서 읽지 않으면 책을 읽은 당시의 생각이 떠오르지 않고 배경지식을 쌓을 수도 없죠. 하지만 다양한 시각화 활동을 통해 그 흔적을 남겨놓으면 똑같은 책을 반복해서 읽지 않더라도 책 내용을 상기할 수 있고, 책을 읽으며 자신이 느꼈던 감정과 생각을 현재의 나와 다시 공유할 수 있습니다. 과거와 현재 자신의 생각을 비교하고 분석함으로써 공부 기초 체력을 다질 수 있죠. 특히 책을 꼼꼼하게 읽고 난 뒤의 시각화 활동은 글 내용을 오랫동안 기억하게 해줍니다.

누구나 자신이 어렸을 때 썼던 글을 보며 피식하고 웃었던 경험이 있을 것입니다. 아이들도 마찬가지죠. 자신이 초등 저학년 때 했던 시각화 활동의 결과물을 보면서 웃음을 터뜨릴 수도 있습니다. 또한 이전에 어려워했던 부분을 지금도 어려워한다는 것을 깨달을 수 있고, 이를 통해 능동적으로 자신에게 필요한 책을 스스로 골라 읽을 수도 있습니다.

시각화 활동을 꾸준히 하면 생각 그릇을 키우는 데도 도움이 되며, 초등 중학년 때부터 본격적으로 시작되는 공책 정리도 좀 더 꼼꼼하게 할 수 있고, 창의적으로 응용할 수 있게 됩니다.

🔍 마인드맵으로 나타내기

마인드맵은 시각화 활동의 기초로써 글을 읽고 난 뒤 알게 된 내용이나 줄거리를 다시 떠올리며 그와 관련된 생각을 함께 정리하는 활동입니다. 글을 집중해서 읽어야 마인드맵으로 생각을 잘 정리할 수 있기 때문에 아이 스스로도 글을 꼼꼼히 읽게 됩니다.

마인드맵이 익숙하지 않을 때는 간단히 단어 위주로만 정리하고, 이 활동에 점차 익숙해지면 문장으로 자신의 생각을 표현해볼 것을 권장합니다. 평소 아이가 컴퓨터를 잘 활용한다면 손으로 직접 쓰는 마인드맵 외에도 디지털 마인드맵을 활용해보면 좋습니다.

마인드맵의 활용 방법은 무궁무진합니다. 책을 읽고 난 뒤 중요

마인드맵 활동 예시

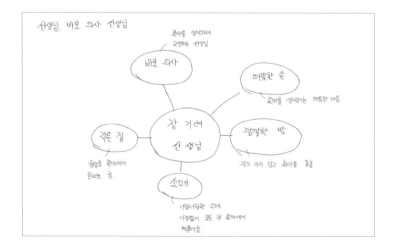

한 내용을 정리하는 방법, 책 속의 주인공에 대한 생각을 다발 짓기 식으로 나타내는 방법, 읽은 책과 관련해 자유롭게 떠오르는 생각 가지치기 등이 있죠.

마인드맵은 아이의 좌뇌와 우뇌를 함께 발달시킬 수 있다는 장점이 있습니다. 마인드맵의 내용을 정리하면서 책 내용을 다시 생각하고 분석하는 동안에는 좌뇌 영역이 가동됩니다. 그와 동시에 손으로 그림을 그리고 색칠하는 과정에서 우뇌가 쓰입니다. 또한 꼬리에 꼬리를 무는 형식으로 생각이 확장되기 때문에 아이의 독서 능력과 논리적인 글쓰기 능력 역시 향상될 수 있습니다.

🔍 그림으로 표현하기

그림으로 표현하는 방법에는 자신이 읽은 부분을 떠올리며 만화로 나타내는 방법이 있고, 가장 인상 깊었던 장면만 그려보는 방법도 있습니다. 또 지금까지 읽었던 책 중 가장 많이 읽거나 큰 깨달음을 줬던 책을 그리는 방법도 있으며, 한 학기 동안 읽었던 책 중에서 생각나는 내용들을 연결해 새로운 이야기를 그림으로 표현해보는 방법도 있습니다. 특히 이것은 앞에서 언급한 밑줄 긋기 활동과 연계하면 더더욱 좋습니다.

그림으로 표현하기 활동 시에는 책 제목을 따로 적지 않고 글을 읽고 난 뒤 이해한 내용을 그립니다. 그 후 부모와 아이가 서로 자신이 그린 그림을 공유하며 과연 이 그림이 어떤 책의 어떤 내용을 나타낸 것일지 맞혀보는 활동을 하면 좋습니다. 이 활동 역시 아이가 책 내용을 제대로 이해했을 때에만 수월하게 진행할 수 있는데, 특히 책 속에 나온 세부적인 내용을 그림으로 단순화하는 작업이라면 더더욱 그렇습니다. 그렇기에 이 활동을 반복할수록 꼼꼼하게 독서하는 습관을 기르는 데 상당히 도움이 됩니다.

아이가 그린 그림들을 프린트해서 간단히 책으로 만들어보거나 전문 업체에 의뢰해 멋진 한 권의 책으로 완성할 수도 있습니다. 이렇게 완성된 그림 동화책을 부모가 함께 읽으며 앞서 소개한 활동들을 또다시 적용해본다면 아이는 자신이 직접 만든 동화책을 활용했다는 뿌듯함도 느낄 수 있게 됩니다.

그림으로 표현하기 활동 예시

🔍 평가 일기 쓰기

글을 제대로 읽었는지 확인하려면 오늘 자신의 독서 과정을 떠올리면서 객관적으로 평가해보는 작업이 필요합니다. 꼼꼼하게 읽었다면 동그라미 3개, 어떤 부분은 잘 읽었지만 어떤 부분은 대충 넘기듯 읽었다면 동그라미 2개, 종일 봤던 글을 제대로 읽지 않은 느낌이 들면 동그라미 1개만 그려놓는 것입니다.

동그라미가 3개인 날은 스스로 칭찬하는 글을 함께 적고, 2개인 날은 어떤 부분을 꼼꼼하게 읽지 않았는지 기록해두는 것이 좋습니다. 마지막으로 동그라미를 1개 그린 날은 무엇 때문에 글이 잘 읽히지 않는지 남겨두도록 합니다. 이렇게 일관성 있게 일기로 꾸준히 남겨놓으면 아이는 자신의 기분이나 환경이 어떠할 때 글에 잘 집중되지 않는지 스스로 발견할 수 있습니다. 예를 들어 주변이 시끄러운 날마다 동그라미가 1개만 표시되어 있다는 걸 깨닫게 된다면 그런 환경에서는 다른 날보다 글을 좀 더 천천히 읽거나 밑줄을 그으며 읽는 등 다양한 읽기 전략을 활용해볼 수 있습니다.

하나의 습관을 형성하기 위해 지속적으로 자신의 현재 습관을 평가하는 것은 매우 중요합니다. 일기로 남겨놓는 시각화 활동을 통해 스스로의 독서 습관을 되돌아볼 수 있으며, 그만큼 공부 기초 체력 향상에 필요한 자기 관리 역량도 키울 수 있습니다. 평가 일기 쓰기의 예시는 다음과 같습니다.

평가 일기 쓰기 예시

날짜	나만의 평가	칭찬 or 개선할 점
3/2	○○○	칭찬: 이해되지 않은 문장은 연필로 꼼꼼하게 밑줄 그으면서 2~3번씩 다시 읽었어. 잘했어!
3/3	○○	개선할 점: 처음 읽을 때 이해되지 않아서 밑줄을 그었는데 귀찮아서 그 부분을 빠트리고 읽었어. 다음부터는 좀 더 꼼꼼하게 읽자.
3/4	○	오늘은 집에서 책을 읽을 때 거실에서 들리는 TV 소리가 계속 거슬려서 책을 제대로 못 읽었어.

📖 육하원칙으로 책 읽기

　육하원칙으로 책 읽기 방법은 몇 페이지를 읽든 분량과는 상관없이 현재 자신이 읽는 글에 육하원칙을 적용해서 읽어보는 것입니다. '누가', '언제', '어디서', '무엇을', '어떻게', '왜' 그랬는지 생각하며 읽는 것이죠. 육하원칙에 해당하는 부분을 찾아 표시한 뒤 그 부분들을 이어 한 문장 또는 두 문장으로 만들어볼 수도 있습니다. 그것이 곧 글의 중심 문장이 됩니다.

　이처럼 육하원칙에 해당하는 부분을 찾는 이유는 아이들이 글을 꼼꼼하게 읽을 수 있는 기회를 제공하기 때문입니다. 수박 겉핥기 식으로 독서를 하게 되면 눈에 보이는 부분만 읽게 되어 글의 중심 내용이나 주제 등을 잘 알지 못하게 될 수가 있습니다. 하지만 이렇게 육하원칙을 찾으며 글을 읽으면 동일한 책을 다시 접하게 되었을 때 글을 좀 더 쉽게 이해할 수 있어 독서에 도움이 됩니다. 초등학생 아이들에게는 육하원칙으로 책 읽기가 숨은그림찾기처럼 흥미롭게 다가옵니다. 그래서 이 활동을 할 때는 아이들이 머릿속으로 육하원칙을 생각하며 천천히 읽는 모습을 발견할 수 있습니다.

육하원칙으로 책 읽기는 총 4단계로 진행되며 초등 1~2학년 아이들도 육하원칙의 기본 개념과 예시를 잘 알려주면 충분히 가능한 활동입니다. 다만, 문단 공부는 초등 3학년 1학기 국어 2단원 '문단의 짜임'에서 자세히 나오므로 초등 저학년 시기에는 1~2단계까지만 해도 괜찮습니다. 이제 각 단계별 구체적인 활동 내용을 살펴보겠습니다.

💡 1단계: 육하원칙에 해당하는 부분 표시하기

1단계는 글을 읽을 때 육하원칙에 해당하는 부분에 밑줄을 긋거나 동그라미 표시를 하는 것입니다. 육하원칙 중 '누가'를 먼저 찾는다면 '언제', '어디서', '무엇을', '어떻게', '왜'와 관련된 내용은 좀 더 찾기 수월해집니다.

문학 작품을 읽을 때는 자신이 오늘 읽을 부분에 등장하는 인물을 찾으면 됩니다. 해당 인물을 먼저 찾아 동그라미 표시를 한 후, 육하원칙에 따라 그 인물과 관련된 내용들을 찾으면 됩니다. 설명문을 읽을 때는 글쓴이가 설명하고 있는 대상을 찾으면 되고, 논설문이나 주장글을 읽을 때는 글쓴이의 생각과 관련된 주제를 찾으면 됩니다. 다음 예시를 참고해봅시다.

초등 2학년 1학기 국어-나 <욕심 많은 개> 중

구름이 없는 화창한 날이었어요. 어느 날, 욕심 많은 개가 집으로 가는 길에 떨어진 고깃덩이를 보았어요. 개는 떨어진 고기를 얼른 입에 물고 신나게 걸어가고 있었어요. 개는 강가에 다다랐어요. 그리고 통나무로 된 다리를 건너게 되었어요. 통나무 다리를 건너다가 고기를 입에 물고 있는 다른 개 한 마리를 발견하고 깜짝 놀랐어요.
'저 녀석! 커다란 고깃덩이를 물고 있군.'
개는 다른 개가 물고 있는 고기를 빼앗아야겠다는 생각을 했어요. 그래서 큰 고기를 물고 있는 개를 향해 크게 짖었어요.
"멍멍, 멍멍."
개가 짖기 시작하자 입에 물고 있던 고기가 강물에 풍덩 빠지고 말았어요.

육하원칙에 해당하는 부분

누가	욕심 많은 개가
언제	구름이 없고 화창한 날에
어디서	통나무로 된 다리에서
무엇을	고기를 물고 있는 다른 개
어떻게	크게 짖었다
왜	고기를 빼앗으려고

💡 2단계: 찾지 못한 부분 직접 유추해보기

2단계는 육하원칙 중 찾지 못한 부분이 있다면 자신이 찾은 정보를 통해 직접 유추해보는 연습을 하는 것입니다. 만약 '누가', '언제', '어디서', '무엇을', '어떻게'에 해당하는 내용까지는 찾았지만 '왜'와 관련된 내용을 찾지 못했다면 앞의 5가지 정보를 활용해 '왜' 그렇게 되었는지를 생각해보는 것입니다. 이러한 유추 활동을 처음 시작할 때는 얇은 그림책을 활용하는 것이 좋습니다.

다음 문구는 소설가인 어니스트 헤밍웨이가 창작한 문장입니다. 필자는 늘 육하원칙 찾기 방법을 아이들에게 알려주기 전, 이 문장을 활용해서 육하원칙 찾는 법과 책을 곱씹으며 읽어야 하는 이유에 대해 설명해줍니다.

위 문장은 단 두 문장으로 이루어져 있고, 문장 자체만 보면 '한 번도 신지 않은 아기 신발을 판다.'라고 이해할 수 있습니다. 하지만 글을 꼼꼼히 읽다 보면 '왜' 그러한지 의구심이 생기며 문장 속에 숨겨진 의미를 이해할 수 있습니다. 위 문장을 활용한 육하원칙 찾기는 다음과 같습니다.

누가	?
언제	?
어디서	?
무엇을	한 번도 신지 않은 아기 신발
어떻게	판다
왜	?

이처럼 문장 자체만 본다면 '무엇을'과 '어떻게'를 정리할 수 있죠. 나머지 '누가', '언제', '어디서', '왜'는 나와 있지 않으므로 직접 유추해야 합니다. 만일 '누가'에 해당하는 내용을 엄마로 정했다면 이 신발을 '언제' 파는 것인지, '어디에서', '왜' 파는 것인지 생각해 보면 됩니다.

육하원칙 유추 예시

(누가) 엄마가	(누가) 아이 부모가
(언제) 오늘	(언제) 오늘
(어디에서) 중고 시장 사이트에서	(어디에서) 시장에서
(무엇을) 신발을	(무엇을) 아이 신발을
(어떻게) 팔려고 한다	(어떻게) 팔려고 한다
(왜) 안 신는 신발이 많기 때문이다	(왜) 아이가 세상을 떠났기 때문이다

'아기 신발 팝니다. 한 번도 신어본 적 없어요.'라는 문장은 이처럼 유추해볼 수 있습니다. 만일 앞뒤에 어떠한 내용이 있었다면 아이들은 그 내용을 통해 육하원칙과 관련된 정보를 쉽게 유추할 수 있을 것입니다. 그리고 그 과정이 곧 글을 꼼꼼하게 읽으며 의미를 제대로 이해하는 과정입니다.

이 활동의 활용 방법은 무궁무진합니다. 예를 들어 3문단을 부모와 함께 읽기로 약속했다면 두 문단을 가리고 나머지 한 문단에서 육하원칙과 관련된 정보를 찾아낸 뒤 가려진 문단에 어떤 내용이 나왔을지 유추해볼 수 있습니다. 그러고 나서 서로가 생각한 내용이 맞는지 확인하면 됩니다.

평소 육하원칙을 찾아가며 책을 읽지 않았더라도 이 활동이 습관화된다면 글을 읽을 때마다 한 문장 한 문장 제대로 이해하려고 노력하는 아이의 모습을 발견할 수 있을 것입니다.

🔍 3단계: 육하원칙을 찾은 부분만 다시 읽거나 정리하기

3단계는 다음 날 읽을 부분으로 바로 넘어가지 않고, 오늘 읽은 부분에서 육하원칙을 표시한 부분만 눈으로 훑은 후 다음 페이지로 넘어가는 방법입니다. 전날 읽은 부분의 내용이 떠오르지 않는다고 해서 처음부터 다시 읽으려 하면 독서에 흥미가 떨어질 수 있습니다. 따라서 육하원칙을 표시한 부분만 빠르게 훑고 넘어가면 수월하게 독서를 진행할 수 있습니다.

혹은 그날그날 육하원칙을 따로 정리하는 것도 좋은 방법입니다. 특히 찾지 못한 육하원칙 관련 내용을 의미 중심으로 유추할 때는 직접 손으로 적으며 정리하는 것이 좋습니다.

🔍 4단계: 굵직한 육하원칙 만들어보기

굵직한 육하원칙 만들어보기를 할 때는 책 한 권을 이용해도 좋고, 3문단으로만 구성된 글로 활동을 진행해봐도 괜찮습니다. 책 한 권을 읽는 동안 육하원칙을 틈틈이 정리했다면 그 육하원칙들을 보면서 책을 대표할 수 있는 최종 육하원칙을 만들어보는 것입니다.

마찬가지로 짧은 글의 육하원칙들을 모아서 그 글을 대표할 수 있는 육하원칙을 구성해볼 수 있습니다. 이것이 바로 굵직한 육하원칙입니다.

이 단계는 지금까지 정리했던 내용을 토대로 만드는 것이기에 아이에게 그리 어렵지 않은 활동입니다. 정리 방법은 다음 내용을 참고하면 됩니다.

초등 3학년 1학기 국어-가 〈민화〉 중

1문단) 민화는 옛날 사람들이 널리 사용하던 그림이에요. 따라서 민화 속에는 우리 조상의 삶과 신앙, 멋이 깃들어 있어요. 민화가 여느 그림과 다른 점은 생활에 필요한 실용적인 그림이라는 것이에요. 다시 말해, 선비들이 그린 격조 높은 산수화나 솜씨 좋은 화원이 그린 작품들은 오래 두고 감사하는 그림이지만, 민화는 어떤 특별한 목적을 위해 사용한 그림이지요.

– 누가: 옛날 사람들
– 언제: 옛날에
– 어디서: 생활 속에서
– 무엇을: 민화를
– 어떻게: 널리 사용함
– 왜: 실용적인 그림이라서

2문단) 민화의 쓰임새는 여러 가지였어요. 혼례식이나 잔치를 치를 때 장식용으로 쓰던 병풍 그림도 민화였고, 대문이나 벽에 부적처럼 걸어둔 것도 민화였고, 자신의 소망을 빌거나 누군가를 축하하는 그림도 민화였어요.

– 누가: 옛날 사람들(1문단을 보고 유추)
– 언제: 옛날에
– 어디서: 혼례식이나 잔치, 대문이나 벽, 소망을 빌거나 누군가를 축하할 때
– 무엇을: 민화를
– 어떻게: 장식용, 부적, 소망, 축하
– 왜: 쓰임새가 여러 가지여서

3문단) 민화는 호랑이, 까치, 물고기, 사슴, 학, 거북, 토끼, 매와 같은 동물이나 소나무와 대나무, 모란, 불로초, 연꽃, 석류 같은 식물 등의 다양한 소재를 사용했어요. 해태나 용 같은 상상의 동물도 있지요. 우리 조상은 민화에 복을 기원하고, 악귀나 나쁜 것을 몰아내는 힘이 있다고 믿었던 거예요.

- 누가: 우리 조상
- 언제: 옛날에(유추)
- 어디서: ?
- 무엇을: 민화
- 어떻게: 동물, 식물 등의 소재를 사용
- 왜: 민화에 복을 기원하고, 악귀나 나쁜 것을 몰아내는 힘이 있다고 믿어서

앞의 3문단을 굵직한 육하원칙으로 정리한다면 아래 예시처럼 정리할 수 있습니다.

굵직한 육하원칙 만들기 예시

누가	우리 조상
언제	생활 속에서
어디서	혼례식이나 잔치, 대문이나 벽, 소망을 빌거나 누군가를 축하할 때
무엇을	(동물, 식물 등의 소재가 들어간) 민화를
어떻게	널리 사용함
왜	쓰임새가 여러 가지여서

유형 ④
글에 대한 이해력이 부족해요

공부 기초 체력을 위해 다독하는 습관은 매우 중요합니다. 하지만 다독보다 중요한 것은 책의 내용을 아이가 정확하게 이해하는 것이죠. 아무리 다양한 책을 읽는다 해도 글에 대한 이해력이 부족하면 아이가 읽은 수많은 글은 배경지식으로써 역할을 해낼 수 없습니다.

우리는 글을 읽다가 잘 이해되지 않는 문장이 있으면 여러 번 읽거나 천천히 읽으며 의미를 파악하려 합니다. 그러나 이해력이 부족한 아이들은 글을 읽을 때 단순히 글자를 읽는 행동에만 집중하며 글자 하나하나에만 초점을 둘 뿐, 글자가 조합된 문장이나 문단의 의미를 머릿속으로 이해하려 하지 않습니다. 이런 현상은 공부를 위한 수단으로써의 글 읽기가 시작되는 초등 3학년부터 두드러지게 나타납니다.

이해력이 부족한 아이들은 글의 함축적인 의미나 중의적인 의미를 파악하는 능력이 현저히 떨어집니다. 문장은 문장 자체에서 알려주는 명시적 정보도 있지만, 그 문장 너머에 암시적 정보가 숨겨져 있는 경우도 많습니다. 예를 들어 현진건의 소설 『운수 좋은 날』의 제목이 그렇습니다. 단순히 문자 그대로 해석하면 '운수가 좋은 날의 이야기'라고 파악할 수 있지만 글 내용을 읽어보면 제목이 반어법으로 지어졌다는 것을 알 수 있습니다.

하지만 이해력이 부족한 아이들은 이런 부분을 간과한 채 글을 읽기 때문에 글의 맥락이나 내용을 제대로 유추해내지 못하고 제목과 내용의 연결성을 생각해내지도 못합니다. 이런 현상은 긴 호흡의 글이나 다양한 문학 작품을 접하는 초등 고학년 아이들에게 많이 발생하는 문제 중 하나입니다.

이해력이 부족한 아이들의 가장 큰 문제점은 학습 동기가 생기지 않는다는 것입니다. 보통 글을 제대로 이해하고 나면 그 글과 관련된 궁금한 점이 생기기 마련이죠. 그래서 자신이 읽은 책과 비슷한 책을 찾아 읽거나 궁금한 점을 해결하려 노력하지만, 이해력이 부족한 아이들에겐 학습과 관련된 호기심조차 생기지 않습니다.

글을 제대로 이해하는 능력이 곧 공부 기초 체력을 튼튼히 다지는 길이기에 아이의 학습에도 지대한 영향을 미칩니다. 따라서 이해력이 부족한 아이들은 다음과 같은 방법을 통해 글을 이해하는 힘을 기르는 일이 선행되어야 합니다.

📖 소리 내어 읽기

🔦 책을 활용한 소리 내어 읽기

대부분 초등 아이들은 저학년 시기에는 음독을 하고 중학년이 되면서 묵독 단계로 넘어가기 시작하죠. 그리고 고학년이 되면 묵독하는 습관이 정착되어야 합니다. 하지만 묵독으로 글을 읽었을 때 글 내용이 제대로 이해되지 않는다면 시기와는 상관없이 다시 소리 내어 읽기를 시작해야 합니다.

소리 내어 읽으며 자신의 목소리를 듣고, 글 내용을 파악하려고 노력하는 과정 중에 우리 뇌의 측두엽이 활성화됩니다. 측두엽은 청각 정보를 관장하는 곳으로, 바깥으로 자신의 목소리를 낸다는 것은 곧 측두엽에게 활발히 움직이라고 명령하는 것과도 같습니다. 음독 활동을 통해 측두엽이 활성화되면 묵독으로 책을 읽었을 때보다 책의 내용이 훨씬 생생하게 기억에 남게 되는데 이는 뇌 활동이 활발해지면서 문장 하나하나에 좀 더 집중하며 글을 읽을 수 있기 때문입니다.

소리 내어 책을 읽을 때는 단순히 소리를 내는 데만 집중하지 말고, 중간중간 혼잣말처럼 스스로에게 질문을 할 필요가 있습니다. 만일 문학 작품을 소리 내어 읽는 동안 주인공에게 어떤 사건이 발생하게 되면 "왜 이런 사건이 발생했을까? 앞부분을 읽을 때 내가 놓쳤던 부분이 있었나?" 하면서 의식적으로 말을 하는 것입니다. 그럼으로써 읽던 것을 잠시 멈춘 뒤 다시 앞으로 돌아가 차근차근 자신이 놓쳤던 부분이 있었는지 살펴보게 됩니다. 이처럼 소리 내어 읽기를 활용해 글의 이해력을 높이려면 매일 일정한 시간을 정한 뒤 기록하는 습관을 들이는 것이 좋습니다.

소리 내어 읽기 공책 예시

요일	낭독 시간	낭독 책 (3학년 기준)
월요일	20분	꼴찌라도 괜찮아!
화요일	30분	꼴찌라도 괜찮아!
수요일	25분	온 세상 국기가 펄럭펄럭
목요일	20분	온 세상 국기가 펄럭펄럭
금요일	30분	베짱베짱 베 짜는 베짱이

이 예시처럼 소리 내어 읽기 공책을 만든 뒤 낭독 시간과 내용을 공책에 기록하는 것이 좋습니다. 무엇보다 이 활동은 꾸준히 하는 것이 가장 중요한데, 처음부터 아이가 스스로 시간을 정해서 실

천하는 건 어려울 수 있으므로 부모와 번갈아가며 읽을 수 있는 쉬운 동화책부터 시작하는 것이 좋습니다. 아이가 초등 고학년이라면 현재 아이의 관심사와 관련된 책 2권을 구매해서 부모와 함께 번갈아 읽는 형식으로 진행하면 됩니다.

초등 6년 동안 소리 내어 읽기 활동을 꾸준히 지속할 수 있도록 가족들만의 규칙을 정해보는 것도 좋습니다. '매주 일요일 저녁 8시 ~8시 30분은 우리 가족의 소리 내어 읽기 시간'과 같은 식으로 규칙을 정해놓았다면 해당 시간에 각자 편한 공간에서 30분 동안 소리 내어 읽기를 진행하는 것입니다. 이는 하나의 가족 문화처럼 지속할 수 있는 활동이 되므로 아이 또한 부담 없이 소리 내어 읽기를 진행할 수 있습니다. 더불어 가족들이 요즘 읽고 있는 책이 무엇인지 함께 공유할 수 있는 시간도 가질 수 있습니다. 이처럼 고정된 시간이라는 함께 읽는 규칙을 정해보는 것도 도움이 됩니다.

🔍 교과서를 활용한 소리 내어 읽기

소리 내어 읽기의 첫 시작이 읽기 쉬운 동화책이라면 이제 낭독 범위를 책에만 국한하지 않고 교과서에도 확대 적용해봅시다. 다음 순서대로 교과서 소리 내어 읽기를 진행하면 글 내용을 제대로 이해할 수 있을 뿐만 아니라 긴 호흡이 필요한 글을 읽을 때도 중요한 내용 및 중심 문장 등을 파악하는 데 도움이 됩니다. 교과서를 활용한 소리 내어 읽기 방법은 다음과 같습니다.

• 첫 번째, 교과서 질문 확인하기

이 단계에서 질문은 아이의 생각을 물어보는 것이 아닌 글 속에 정답이 나와 있는 '내용 파악 질문'을 활용하면 됩니다. 예를 들어 국어 교과서에 〈동물 마을에서 생긴 일〉 지문이 나왔다고 가정한다면, 지문 뒤에 있는 질문 중 '동물들의 걱정이 커진 까닭은 무엇인가요?'와 같이 지문 속에 답이 나와 있는 질문만 추리면 됩니다. 그

초등 2학년 1학기 국어-가 〈동물 마을에서 생긴 일〉 중

2 「동물 마을에서 생긴 일」을 읽고 물음에 답해 봅시다.

(1) 동물들의 걱정이 커진 까닭은 무엇인가요?

(2) 두꺼비가 새들을 부러워한 까닭은 무엇인가요?

(3) 동물들은 어떤 고민을 하고 있나요?

동물 마을에서 생긴 일

평화롭던 동물 마을에 큰 소동이 벌어졌어요. 숲 한가운데에 넓은 찻길이 생긴 거예요. 그 바람에 마을 밖으로 나가는 길이 끊겨 버렸어요. 쌩쌩 달리는 자동차가 무서워서 찻길을 건널 수가 없었거든요. 무리하게 길을 건너려다가 크게 다치거나 죽는 동물들도 생겨났어요. 동물들은 모두 걱정이 커졌어요.

리고 그 질문들을 간단하게 포스트잇에 적어놓은 후에 해당 지문을 소리 내어 읽을 때마다 질문과 관련된 정답 내용을 찾아보는 것입니다. 정답을 찾았다면 그 부분에 밑줄을 긋습니다.

• 두 번째, 질문&정답 말하기

정답에 밑줄을 그으며 교과서 지문을 다 읽었다면 이제 다시 포스트잇에 적힌 질문을 읽고 자신이 밑줄 그었던 내용을 스스로 소리 내어 말합니다. 앞의 예시를 다시 활용해보면 '동물들의 걱정이 커진 까닭은 무엇인가요?'를 먼저 소리 내어 읽은 뒤, 지문에 나와 있는 정답 문장 '마을 밖으로 나가는 길이 끊겨 버렸어요.'를 읽으면 됩니다. 그러고 나서 왜 이런 질문이 나왔을지 스스로 생각하고 대답해보도록 합니다.

교과서를 살펴보면 글 내용을 확인하는 질문은 주로 글의 중심 내용이나 글을 이해하는 데 도움을 주는 문장이 무엇인지 묻는 질문들로 구성되어 있음을 알 수 있습니다. 그렇기에 교과서에 나와 있는 질문을 스스로 말하고 답하는 과정을 반복하다 보면 질문에서 요구하는 답이 곧 이 글을 이해하는 데 빠트려서는 안 될 중요한 핵심 내용이라는 것을 깨닫게 됩니다.

📖 의미를 곱씹으며 반복해서 읽기 〔권장 학년: 3~6학년〕

글 내용을 확실히 이해하기 위해서는 여러 번 반복해서 읽어야 합니다. 여기에서 '반복'의 의미를 짚고 넘어가자면 단순하게 같은 글자를 눈으로만 읽는 것이 아니라, 여러 번 반복해서 읽을 때마다 글에 담긴 의미를 머릿속으로 곱씹으며 읽는 것을 의미합니다.

눈으로만 글자를 반복해서 읽는 것은 글 내용을 이해하는 데 전혀 도움이 되지 않습니다. 오히려 이런 식의 반복 읽기는 지양해야 하죠. 글을 제대로 읽으려면 비록 시간이 걸릴지라도 여러 차례 읽을 때마다 문장의 의미를 생각하는 연습을 해야 하며, 이와 같은 의미 중심의 반복 읽기를 잘해내려면 다음의 과정 순으로 차근차근 진행하면 됩니다.

💡 질문 메모하며 읽기

질문 메모하며 읽기는 글을 읽을 때 이해되지 않은 부분과 관련해서 궁금한 점을 아이 스스로 직접 적어보는 방법입니다. 예를 들어 지금 읽고 있는 문장이 이해되지 않는다면 포스트잇이나 공책에 '이 문장은 도대체 무슨 말이지?'라고 간단히 메모하는 것입니다. 또는 어떤 현상이나 개념에 관한 설명글을 읽을 때 이해되지 않는다면 '왜 이런 현상이 발생하는 걸까?' 등과 같은 식으로 궁금한 점을 모두 적으면 됩니다. 문학 작품을 읽을 때도 마찬가지로 자신이 이해되지 않은 부분을 적고, 교과서에 실린 글을 읽다가도 문득 궁금한 점이 생기면 바로바로 메모하면 됩니다.

이렇게 질문을 적고 난 뒤, 지금 읽고 있는 책을 활용해서 질문에 대한 답을 스스로 찾아보거나 책에서 확인할 수 없는 내용은 인터넷 등의 다양한 매체들을 활용해서 찾아보며 궁금한 점을 해결하면 됩니다. 다른 매체를 통해 자신이 적은 질문에 대한 답을 잘 찾아냈다면 어떤 방법을 통해서 해결할 수 있었는지도 함께 적어보면 도움이 됩니다.

이후에 책을 읽을 때마다 자신이 적었던 질문과 답을 찾아낸 방법을 재확인하게 되면 그 책을 읽을 때 자신이 잘 이해하지 못했던 부분을 직관적으로 파악할 수 있습니다. 그러므로 같은 책을 반복해서 읽을 때는 자신이 적었던 질문을 좀 더 눈여겨보며 책을 읽어나가는 것이 좋습니다.

이런 식으로 1회독이 끝날 때까지 질문 메모를 정리한 뒤, 다시 읽을 때도 처음 읽었을 때와 마찬가지로 새롭게 궁금한 점이 생겼다면 그것 또한 메모로 정리하면 됩니다. 이처럼 책을 반복해서 읽을 때마다 질문 메모를 통해 새로운 배경지식이 생겨났다면 그 배경지식과 관련된 부분이 아이의 눈에 좀 더 자세히 들어오기 시작할 것이며, 그 부분과 관련된 질문이 머릿속에 새롭게 생겨날 것입니다.

회독 수를 늘려갈 때마다 무엇이든 좋으니 궁금한 점은 자유롭게 메모에 적고, 아래처럼 자신이 해결한 방법도 간단하게 메모하며 적는 습관을 기르도록 지도해야 합니다. 해결법을 함께 적으면 다른 책을 읽으며 유사한 질문이 생겼을 때 과거에 자신이 어떤 방법으로 해결했는지 쉽게 알아낼 수 있어서 유사한 방법을 활용하여 궁금한 점을 해결할 수 있습니다.

질문 메모하며 읽기 예시

예시	질문 메모	해결 방법
초등 5학년 1학기 과학 2단원 '온도와 열' 중에서 더운 공기는 위로 올라간다.	더운 공기가 진짜 위로 올라갈까?	정말로 따뜻한 공기가 위로 올라가는지 따뜻한 물 위에 풍선을 대봄
초등 5학년 2학기 사회 2단원 '사회의 새로운 변화와 오늘날의 우리' 중에서 열사 / 의사	위인전에서 왜 어떤 위인에게는 ○○ 열사라고 말하고 또, 어떤 위인에게는 ○○ 의사라고 말하는 걸까?	국어사전을 찾아서 해결함

📖 나만의 언어로 설명하기

아이가 글을 제대로 이해했는지 확인하는 방법은 간단합니다. 글을 읽고 난 뒤에 책을 보지 않고도 스스로 자신이 읽었던 내용을 자신만의 언어로 술술 말할 수 있을 때 책을 온전히 이해했다고 할 수 있습니다. 그와 반대로 책에 나왔던 문장을 암기해 그대로 말하는 것은 책 내용을 이해한 경우라고 볼 수 없습니다.

이와 같은 방법으로 확인해보았을 때, 글을 잘 이해하지 못하는 것으로 파악되는 아이들은 자신이 읽은 내용을 자신만의 언어로 탈바꿈해서 다시 설명할 수 있을 때까지 반복 연습하도록 지도해야 합니다. 책을 보지 않고도 내용을 잘 설명하려면 책 전체를 파악하고 있어야 하며 문장 하나하나의 의미까지도 확실히 이해해야 합니다. 글을 체계적으로 이해하기 어려워하는 아이들은 시간이 걸리더라도 다음의 과정을 꾸준히 반복하도록 도와줘야 합니다.

💡 1단계: 이해되지 않은 부분 표시

1단계는 글을 읽으며 이해되지 않은 부분을 표시하는 단계입니다. 어려웠던 단어 없이 글 자체는 술술 잘 읽혔더라도 내용이 이해되지 않았다면 연필로 밑줄을 그어놓거나 해당 페이지 끝부분을 접어두는 것입니다.

　단순히 한두 문장 정도는 밑줄로 표시해둬도 좋지만, 특정 페이지의 내용 대부분이 이해되지 않는다면 그 페이지는 접어서 표시해두거나 눈에 띄도록 포스트잇 플래그를 붙여놓는 게 좋습니다. 맨눈으로 확인할 수 있게끔 표시를 해두는 이유는 아이에게 다시 집중해서 읽어야 한다는 메시지를 주기 때문입니다.

💡 2단계: 다시 읽기

　2단계는 다시 읽기입니다. 이해되지 않은 부분을 표시해두었다면 그 부분을 다시 읽습니다. 이때는 묵독 읽기를 하지 않고 음독 읽기를 합니다. 2번, 3번, 4번도 좋으니 이해되지 않은 부분은 반복해서 읽으며 스스로 이해하려고 노력해야 합니다.

　반복해서 읽었음에도 완전히 이해되지 않은 부분이 있다면 부모가 함께 관련 도서를 찾아보거나 아이에게 문장의 의미를 해석해주면 됩니다. 이런 과정을 반복하면서 내용을 완벽히 이해했다면 밑줄을 그어두었던 문장 앞에 별(★) 표시를 하고, 포스트잇 플래그를 붙여놨던 곳에도 별 표시를 합니다.

🎣 3단계: 별 표시한 부분 다시 설명하기

3단계 과정이 가장 중요합니다. 이해되지 않았던 부분을 완벽히 이해한 뒤 별 표시를 해두었다면 이제 자신이 알게 된 내용을 직접 말로 설명해보는 것입니다. 이때는 핸드폰의 녹음 기능을 활용해서 아이의 목소리로 직접 녹음해보도록 하는 것이 중요합니다. 이해되시 않았딘 문장을 먼저 소리 내어 읽은 다음, 그 문장을 어떤 식으로 이해할 수 있었는지 자신만의 언어로 설명하면 됩니다. 녹음이 끝나면 녹음된 파일을 다시 들으면서 자신의 설명에서 부족한 부분이 있었는지, 정말로 자신이 제대로 이해하고 있는 게 맞는지 등을 점검하면 됩니다.

이처럼 아이가 스스로 점검하는 과정에서 아이의 메타인지가 적극적으로 활용되기 때문에 단순히 누군가에게 글 내용을 설명하는 것보다 훨씬 효과적으로 글을 이해하는 데 도움이 됩니다.

이해되지 않는 부분을 바로 해결하지 않고 차일피일 미루다 보면 아이는 며칠이 지난 후에 자신이 그 부분에 왜 표시를 해두었는지 기억하지 못할 수 있습니다. 그러므로 밑줄을 긋거나 포스트잇 플래그를 붙여놓은 부분은 반드시 그날이 지나가기 전에 이해하도록 해야 하며, 더불어 소리 내어 녹음해보는 과정까지 마무리짓도록 합니다.

초등 저학년까지는 부모가 문장을 함께 보며 아이가 이해할 수 있도록 관련된 지식이나 문장의 의미를 알려주며 도와주는 것이 좋습니다. 초등 중학년 시기부터는 아이가 직접 자료를 검색해보거나 쉬운 책을 확인해보는 등의 방법으로 문장의 의미를 스스로 찾을 수 있도록 지도해야 합니다.

🔍 4단계: 녹음 내용 들으며 이어서 읽기

4단계는 녹음한 내용을 들으며 다시 읽는 것입니다. 초등 고학년으로 올라갈수록 아이들이 읽는 책의 두께는 두꺼워지죠. 1~2학년까지는 그림책 한 권으로 1~3번 단계를 하루 만에 마무리할 수 있지만, 초등 중학년, 고학년이 될수록 책 한 권을 하루 만에 다 읽고 1~3번 과정까지 끝내는 것은 무리입니다. 이럴 땐 하루 만에 다 끝내려 하지 말고 자신이 녹음했던 내용을 다시 들은 후에 뒷부분을 계속 이어서 읽도록 지도하면 됩니다.

만일 아이가 35쪽까지 책을 읽고 녹음까지 끝냈다면, 36쪽부터 글을 읽으며 이해되지 않는 부분은 앞서 녹음한 내용을 다시 들으면서 이해하려고 노력하면 됩니다. 앞에서 밑줄 그었던 내용과 문맥상 비슷한 흐름의 문장이 이해되지 않는다면 그 부분에는 밑줄을 긋지 말고, 과거에 녹음했던 내용을 들어보며 앞서 자신이 어떻게 설명했는지 다시 한번 확인해보는 것입니다. 자신의 설명을 듣고 문장의 의미를 완벽히 파악했다면 바로 다음 문장을 이어서 읽으면 됩니다.

이어서 읽기 단계에서는 막힌 부분이 생길 때마다 과거 녹음했던 내용을 들으며 이어서 읽거나 1~3번 단계를 반복하면 됩니다.

🔍 5단계: 한 권의 책 해석하기

한 권의 책 해석하기는 나만의 언어로 설명하기 활동의 마지막 단계로, 책 한 권을 끝까지 읽고 난 뒤 자신이 이해한 내용을 녹음하는 것입니다. 그동안 녹음했던 내용들을 떠올리며 가장 중요한 부분만 간추린 뒤, 자신이 읽은 책에 대해 설명하면 됩니다. 앞선 단계들의 방법처럼 소리 내어 녹음한 뒤 스스로 점검해보고, 점검한 내용을 토대로 다른 누군가에게 한 번 더 설명하는 과정을 거치면 글 내용을 온전히 이해하는 데 큰 도움이 됩니다.

아이가 부모에게 책 내용을 설명하는 동안 부모는 아이의 설명을 들으며 궁금한 부분을 물어보거나, 아이가 책에 표시했던 부분을 찾아보며 그 문장을 어떻게 이해했는지 다시 설명할 기회를 주는 것도 좋습니다. 다만, 이때는 평가를 위한 질문이 아니므로 아이가 자신의 생각을 자유롭게 말할 수 있는 편안한 분위기를 조성해주어야 합니다.

책을 읽을 때마다 이렇게 자신만의 언어로 설명하는 것은 곧 그책의 내용을 아이의 장기 기억에 저장하는 것과 같습니다. 그렇게 되면 책 한 권을 다 읽은 후에 해당 책과 관련된 지식의 깊이가 훨씬 깊어지며, 관련 분야의 또 다른 책을 읽을 때 해당 책의 내용이 하나의 배경지식으로 작용해서 글 내용을 이해할 수 있도록 돕는 역할을 해낼 수 있습니다.

📖 배경지식 형성하기

초등 3학년 2학기 국어-나 〈실 팔찌 만들기〉 중

여러 가지 색깔 실을 엮어 만든 팔찌를 실 팔찌라고 합니다. 실 팔찌는 팔목에 차다가 자연스럽게 닳아서 끊어지면 소원이 이루어진다는 이야기가 있어서 소원 팔찌라고도 합니다. 중국에서는 단오절에 실 팔찌를 손목에 차면 나쁜 기운을 막는다고 하고, 브라질에서는 축구 경기 전에 승리를 기원하며 손목에 실 팔찌를 찬다고 합니다. (중략) 실 팔찌 만들기의 준비물은 매우 간단합니다. 서로 다른 색깔 털실 세 줄, 셀로판 테이프만 있으면 됩니다. 실은 굵을수록 엮기 쉬우므로 굵은 실을 준비하고 길이는 손목 둘레의 서너 배 정도로 자릅니다.

어떤 아이는 위의 글을 읽을 때 '아, 이 글은 실 팔찌에 관한 글이구나. 나도 1학년 때 집에 있는 실을 활용해서 언니랑 실 팔찌를 만들었는데.' 하고 자신의 경험을 생각하며 술술 읽을 수 있습니다. 하지만 관련 경험이 없는 아이는 '실 팔찌? 이건 도대체 무슨 팔찌를 의미하는 거야?' 하면서 이 글의 첫 문장부터 해석하기 어려워할 수도 있습니다.

분명 어려운 단어가 없음에도 불구하고 이 글을 잘 이해하지 못하는 아이들은 글과 관련된 배경지식이 형성되지 않았기 때문입니다. 이럴 경우에는 그 책 내용과 관련된 배경지식을 먼저 쌓은 뒤에 다시 한번 글을 반복해서 읽어보도록 하는 것이 좋습니다.

배경지식은 곧 스위치와도 같습니다. 배경지식을 다양하게 만들수록 책을 읽을 때마다 그와 관련된 배경지식의 스위치가 켜지면서 시너지 효과를 발휘할 수 있습니다.

• 다양한 체험 학습하기

체험 학습을 통한 배경지식은 아이의 오감으로 만들어집니다. 현재 아이가 이해하지 못하는 글의 내용이 체험 학습이 가능한 것이라면 체험을 통해 관련 배경지식을 형성할 수 있도록 도와주어야 합니다. 책을 통한 간접 경험보다는 체험 학습을 통해 형성한 배경지식이 아이의 머릿속에 훨씬 오래 남기 때문입니다.

예를 들어 3학년 아이가 과학책 내용 중 흙이 만들어지는 과정을 이해하지 못한다면 가정에서 직접 얼음 설탕을 준비해서 플라스틱 통에 넣기 전의 모습을 아이와 함께 관찰하고, 통에 넣은 뒤에 얼음 설탕이 가루가 될 때까지 흔들면서 그 모습을 비교하는 실험을 통해 이해를 도와주는 것이 좋습니다. 아이가 『샬롯의 거미줄』

내용을 제대로 파악하지 못한다면 이 책을 주제로 한 영화를 보여주면서 배경지식을 형성할 수 있게 도와줘야 합니다. 그러고 나서 다시 책을 읽어보도록 권유하면 됩니다.

체험 학습은 아이가 자신의 경험을 떠올려보며 책을 읽도록 만들어주기 때문에 몰입도를 높일 뿐만 아니라, 훑어 읽기만으로도 배경지식들을 떠올릴 수 있게 만들어주기에 아이는 책 내용을 더욱 빠르게 이해할 수 있습니다.

게다가 체험 학습을 통한 배경지식 형성은 아이의 안목을 넓혀주는 수단이 되기도 합니다. 아이는 책을 읽을 때마다 장기 기억 속에 차곡차곡 저장했던 배경지식을 꺼냄으로써 현재 읽고 있는 글을 쉽게 해석할 수 있게 되죠. 이것이 곧 이해의 과정입니다. 아이에게는 단지 하나의 체험에 불과할지라도 그 체험 덕분에 다양한 분야의 책을 융합적으로 이해할 수 있게 되는 것입니다.

평소 아이가 독서할 때 이해되지 않는 문장은 잘 체크하도록 지도하고, 그 부분을 체험 학습을 통해 해소할 수 있다면 '체험 학습 리스트'를 만들도록 합니다. 그리고 한 달에 1번 혹은 두 달에 1번 꼴로 리스트에 적힌 내용들을 살펴보며 묶어서 할 수 있는 체험끼리 분류해보고, 아이와 함께 체험 학습을 하면서 아이가 관련 배경지식을 형성할 수 있도록 도와주어야 합니다.

📖 배경지식을 활용한 추론 읽기 권장 학년: 3~6학년

독서량이 많아지고 체험 학습 경험도 증가하면 글이 잘 이해되지 않을 때 머릿속에 저장된 배경지식을 적극적으로 활용할 수 있게 됩니다. 잘 알지 못했던 부분도 배경지식을 활용해 추론하며 읽을 수 있는 힘이 길러지는 것이죠. 초등 저학년까지는 부모의 도움으로 모르는 문장을 이해했다면 초등 중학년부터는 스스로 추론하는 힘을 조금씩 길러야 합니다. 내용이 제대로 이해되지 않을 때는 배경지식을 잘 활용하면 되고, 이런 배경지식을 활용한 추론 읽기는 아래와 같은 단계를 거치면 됩니다.

🔍 제목과 목차로 배경지식 떠올리기

첫 번째 단계는 책을 읽기 전에 책 제목과 목차를 먼저 살펴보고 떠오르는 생각들을 자유롭게 쓰는 것입니다. 이 활동은 아이가 이제 막 보게 될 책과 관련된 자신의 배경지식을 떠올리고 그 둘을 결합하여 생각할 수 있는 기회를 줍니다. 그리고 자신이 적은 내용을 보면서 '아마 이 책은 이런 내용과 관련된 글일 것 같아.' 하는 식으로 책 내용을 짐작해볼 수도 있습니다.

먼저 책 제목을 보며 떠오르는 생각을 자유롭게 적은 뒤 목차를 살펴보면 됩니다. 목차 역시 제목과 마찬가지로 각 목차의 내용을 보며 떠오르는 생각을 적으면 됩니다.

목차를 보고 메모를 하다 보면 제목을 보며 적었던 내용과 겹치는 부분이 생길 수 있습니다. 가령 두 번째 목차를 보며 적은 내용이 제목을 생각하며 적은 것과 비슷하다면 '두 번째 파트에서는 아마도 내가 생각했던 내용이 나올 수 있겠구나.' 하고 깨달을 수 있습니다. 그리고 본격적으로 그 부분을 읽을 때 의식적인 글 읽기를 할 수 있게 됩니다. 자신의 배경지식과 해당 목차 내용이 일치하는지를 생각하며 글을 읽게 되기 때문에 좀 더 몰입해서 읽을 수 있는 것입니다. 만일 이해되지 않는 문장이 나왔다고 할지라도 자신이 적었던 배경지식을 다시 찾아보다 보면 마침내 글을 이해하게 될 수도 있습니다. 이처럼 책의 제목과 목차 관련 배경지식을 다 꺼낸 뒤에 본격적으로 글 읽기를 시작하도록 지도하면 됩니다.

목차로 배경지식 떠올리기 예시

제목과 목차로 배경지식 떠올리기 활동은 책뿐만 아니라 교과서에도 적용할 수 있습니다. 국어, 수학, 사회, 과학 등 각 교과서의 단원명을 살펴보고 떠오르는 자신의 배경지식을 자유롭게 적는 것입니다. 이렇게 하면 본격적인 학습을 시작하면 전, 각 단원에서 어떤 내용이 나올지 짐작하며 준비할 수 있습니다.

🔍 배경지식 활용해 글 읽기

이제 본격적으로 글 읽기를 시작합니다. 글을 읽으며 이해되지 않는 문장은 자신이 직접 적었던 배경지식을 통해 추론하려고 노력해야 합니다. 배경지식을 활용한 추론 읽기를 처음 시작할 때는 두께가 그리 두껍지 않은 책부터 시작하는 것이 좋습니다. 다음처럼 간단하게 정리함으로써 스스로 글을 이해하는 방법을 터득하는 것이 중요합니다.

초등 3학년 2학기 국어-가 〈진짜 투명인간〉 중

"조금 전에 어떻게 저런 걸 아셨어요? 앞이 보이지 않으시면서요."
아저씨는 웃으며 말했어요.
"그래, 난 태어날 때부터 앞을 보지 못했어. 그 대신 어릴 적부터 다른 감각들이 아주 발달되어 있단다."

배경지식 활용해 글 읽기 예시

이해되지 않은 문장	내 배경지식	내가 해석한 내용
그 대신 어릴 적부터 다른 감각들이 아주 발달되어 있단다.	'감각'에는 눈으로 보는 것, 귀로 듣는 것, 맛보는 것, 만져보는 것, 냄새 맡는 것이 있다.	내가 알고 있는 감각 중 아저씨는 앞을 보지 못한다고 했으니 나머지인 귀로 듣는 감각, 맛보는 감각, 만져보는 감각, 냄새 맡는 감각이 발달되었다는 의미인 것 같다.

본격적인 글 읽기 중 이해되지 않는 문장이 있다면 앞서 정리한 것처럼 그 문장과 관련된 배경지식을 먼저 찾아보도록 합니다. 배경지식을 통해 내용을 먼저 해석해보는 과정은 매우 중요합니다. 자신이 해석한 내용이 글 내용과 일치할 때 아이는 점점 글 읽기에 자신감이 생기기 시작하며, 배경지식을 활용한 글 읽기가 글 내용을 이해하는 데 많은 도움이 된다는 것을 깨닫게 되기 때문입니다.

따라서 아이가 책을 읽으며 단어의 뜻은 다 알지만 문장 해석을 잘해내지 못한다면 머릿속에 저장된 배경지식을 활용해서 글 내용을 스스로 해석할 수 있는 기회를 주도록 해야 합니다.

학년별 국어 교과서 성취 기준

• 초등 1~2학년군

영역	성취 기준	1학년	2학년
듣기, 말하기	1. 상황에 어울리는 인사말을 주고받는다.	●	
	2. 일이 일어난 순서를 고려하며 듣고 말한다.		●
	3. 자신의 감정을 표현하며 대화를 나눈다.		●
	4. 듣는 이를 바라보며 바른 자세로 자신 있게 말한다.	●	●
	5. 말하는 이와 말의 내용에 집중하며 듣는다.	●	
	6. 바르고 고운 말을 사용하여 말하는 태도를 지닌다.	●	●
읽기	1. 글자, 낱말, 문장을 소리 내어 읽는다.	●	
	2. 문장과 글을 알맞게 띄어 읽는다.	●	●
	3. 글을 읽고 주요 내용을 확인한다.	●	●
	4. 글을 읽고 인물의 처지와 마음을 짐작한다.		●
	5. 읽기에 흥미를 가지고 즐겨 읽는 태도를 지닌다.	●	●
쓰기	1. 글자를 바르게 쓴다.	●	
	2. 자신의 생각을 문장으로 표현한다.	●	●
	3. 주변의 사람이나 사물에 대해 짧은 글을 쓴다.		●
	4. 인상 깊었던 일이나 겪은 일에 대한 생각이나 느낌을 쓴다.	●	●
	5. 쓰기에 흥미를 가지고 즐겨 쓰는 태도를 지닌다.	●	●

문법	1. 한글 자모의 이름과 소릿값을 알고 정확하게 발음하고 쓴다.	●	
	2. 소리와 표기가 다를 수 있음을 알고 낱말을 바르게 읽고 쓴다.		●
	3. 문장에 따라 알맞은 문장 부호를 사용한다.	●	●
	4. 글자, 낱말, 문장을 관심 있게 살펴보고 흥미를 가진다.	●	●
문학	1. 느낌과 분위기를 살려 그림책, 시나 노래, 짧은 이야기를 들려주거나 듣는다.	●	
	2. 인물의 모습, 행동, 마음을 상상하며 그림책, 시나 노래, 이야기를 감상한다.		●
	3. 여러 가지 말놀이를 통해 말의 재미를 느낀다.		●
	4. 자신의 생각이나 겪은 일을 시나 노래, 이야기 등으로 표현한다.	●	●
	5. 시나 노래, 이야기에 흥미를 가진다.	●	●

• 초등 3~4학년군

영역	성취 기준	3학년	4학년
듣기, 말하기	1. 대화의 즐거움을 알고 대화를 나눈다.	●	
	2. 회의에서 의견을 적극적으로 교환한다.		●
	3. 원인과 결과의 관계를 고려하며 듣고 말한다.	●	
	4. 적절한 표정, 몸짓, 말투로 말한다.	●	●
	5. 내용을 요약하며 듣는다.	●	●
	6. 예의를 지키며 듣고 말하는 태도를 지닌다.		●
읽기	1. 문단과 글의 중심 생각을 파악한다.	●	
	2. 글의 유형을 고려하여 대강의 내용을 간추린다.	●	●
	3. 글에서 낱말의 의미나 생략된 내용을 짐작한다.	●	●
	4. 글을 읽고 사실과 의견을 구별한다.		●
	5. 읽기 경험과 느낌을 다른 사람과 나누는 태도를 지닌다.	●	●
쓰기	1. 중심 문장과 뒷받침 문장을 갖추어 문단을 쓴다.	●	
	2. 시간의 흐름에 따라 사건이나 행동이 드러나게 글을 쓴다.	●	
	3. 관심 있는 주제에 대해 자신의 의견이 드러나게 글을 쓴다.		●
	4. 읽는 이를 고려하며 자신의 마음을 표현하는 글을 쓴다.	●	●
	5. 쓰기에 자신감을 갖고 자신의 글을 적극적으로 나누는 태도를 지닌다.		●
문법	1. 낱말을 분류하고 국어사전에서 찾는다.	●	●
	2. 낱말과 낱말의 의미 관계를 파악한다.	●	●
	3. 기본적인 문장의 짜임을 이해하고 사용한다.		●

문법	4. 높임법을 알고 언어 예절에 맞게 사용한다.	●	
	5. 한글을 소중히 여기는 태도를 지닌다.		●
문학	1. 시각이나 청각 등 감각적 표현에 주목하며 작품을 감상한다.	●	
	2. 인물, 사건, 배경에 주목하며 작품을 이해한다.		●
	3. 이야기의 흐름을 파악하여 이어질 내용을 상상하고 표현한다.		●
	4. 작품을 듣거나 읽거나 보고 떠오른 느낌과 생각을 다양하게 표현한다.	●	●
	5. 재미나 감동을 느끼며 작품을 즐겨 감상하는 태도를 지닌다.	●	●

• 초등 5∼6학년군

영역	성취 기준	5학년	6학년
듣기, 말하기	1. 구어 의사소통의 특성을 바탕으로 하여 듣기·말하기 활동을 한다.	●	●
	2. 의견을 제시하고 함께 조정하며 토의한다.	●	
	3. 절차와 규칙을 지키고 근거를 제시하며 토론한다.	●	
	4. 자료를 정리하여 말할 내용을 체계적으로 구성한다.	●	●
	5. 매체 자료를 활용하여 내용을 효과적으로 발표한다.		●
	6. 드러나지 않거나 생략된 내용을 추론하며 듣는다.		●
	7. 상대가 처한 상황을 이해하고 공감하며 듣는 태도를 지닌다.	●	
읽기	1. 읽기는 배경지식을 활용하여 의미를 구성하는 과정임을 이해하고 글을 읽는다.	●	
	2. 글의 구조를 고려하여 글 전체의 내용을 요약한다.	●	●
	3. 글을 읽고 글쓴이가 말하고자 하는 주장이나 주제를 파악한다.	●	●
	4. 글을 읽고 내용의 타당성과 표현의 적절성을 판단한다.		●
	5. 매체에 따른 다양한 읽기 방법을 이해하고 적절하게 적용하며 읽는다.	●	
	6. 자신의 읽기 습관을 점검하며 스스로 글을 찾아 읽는 태도를 지닌다.	●	●
쓰기	1. 쓰기는 절차에 따라 의미를 구성하고 표현하는 과정임을 이해하고 글을 쓴다.	●	●
	2. 목적이나 주제에 따라 알맞은 내용과 매체를 선정하여 글을 쓴다.	●	●
	3. 목적이나 대상에 따라 알맞은 형식과 자료를 사용하여 설명하는 글을 쓴다.	●	
	4. 적절한 근거와 알맞은 표현을 사용하여 주장하는 글을 쓴다.		●

영역	내용		
쓰기	5. 체험한 일에 대한 감상이 드러나게 글을 쓴다.	●	●
	6. 독자를 존중하고 배려하며 글을 쓰는 태도를 지닌다.	●	●
문법	1. 언어는 생각을 표현하며 다른 사람과 관계를 맺는 수단임을 이해하고 국어 생활을 한다.		●
	2. 국어의 낱말 확장 방법을 탐구하고 어휘력을 높이는 데에 적용한다.	●	
	3. 낱말이 상황에 따라 다양하게 해석됨을 탐구한다.		●
	4. 관용 표현을 이해하고 적절하게 활용한다.	●	●
	5. 국어의 문장 성분을 이해하고 호응 관계가 올바른 문장을 구성한다.	●	●
	6. 일상 생활에서 국어를 바르게 사용하는 태도를 지닌다.	●	●
문학	1. 문학은 가치 있는 내용을 언어로 표현하여 아름다움을 느끼게 하는 활동임을 이해하고 문학 활동을 한다.		●
	2. 작품 속 세계와 현실 세계를 비교하며 작품을 감상한다.	●	
	3. 비유적 표현의 특성과 효과를 살려 생각과 느낌을 다양하게 표현한다.		●
	4. 일상생활의 경험을 이야기나 극의 형식으로 표현한다.	●	●
	5. 작품에 대한 이해와 감상을 바탕으로 하여 다른 사람과 적극적으로 소통한다.	●	●
	6. 작품에서 얻은 깨달음을 바탕으로 하여 바람직한 삶의 가치를 내면화하는 태도를 지닌다.	●	●

*참고 문헌 : 교육부 국어과 초등 교사용 지도서 (1~6학년)

초등 공부는
잘 읽는 것만으로 충분합니다

초판 1쇄 발행 2022년 10월 31일

지은이 오지영
펴낸이 민혜영
펴낸곳 (주)카시오페아
주소 서울시 마포구 월드컵로14길 56, 2층
전화 02-303-5580 | **팩스** 02-2179-8768
홈페이지 www.cassiopeiabook.com | **전자우편** editor@cassiopeiabook.com
출판등록 2012년 12월 27일 제2014-000277호
책임편집 오희라 | **책임디자인** 최예슬
편집1 최유진, 오희라 | **편집2** 이호빈, 이수민, 양다은 | **디자인** 이성희, 최예슬
마케팅 허경아, 홍수연, 이서우, 이애주, 이은희

ⓒ 오지영, 2022
ISBN 979-11-6827-076-3 03590